KB265287

클리어파일 가계부

슈퍼 그뤠잇 짠돌이 부자 되기

클리어파일 가계부

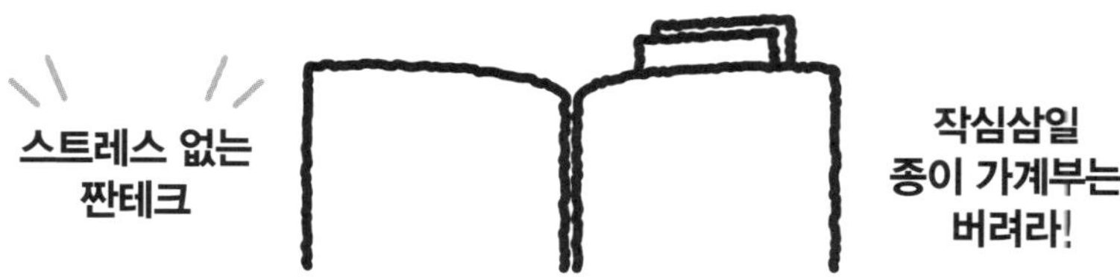

**스트레스 없는
짠테크**

**작심삼일
종이 가계부는
버려라!**

이치노세 가쓰미 지음 | **송수영** 옮김

이아소

『클리어파일 가계부』 적성 체크리스트

☐ 가계부 쓰는 것이 귀찮다

☐ 숫자에 약하다

☐ 값비싼 쇼핑으로 사치하는 것도 아닌데 돈이 모이지 않는다

☐ 월급이 보름 내 자취도 없이 사라진다

☐ 돈 관리가 주먹구구식이다

☐ 인색하게 절약하는 것은 체질에 맞지 않다

☐ 계획적으로 소비하는 것이 어렵다

☐ 특가 상품을 사지 않으면 왠지 손해를 보는 것 같다

☐ 바겐세일에 약하다

☐ 필요 없는 물건을 사서 후회하는 일이 있다

☐ 돈을 효율적으로 사용하고 싶다

☐ 장래가 불안하다

☐ 충동구매가 많다

☐ 결제는 주로 카드로 한다

☐ 명품을 좋아한다

☐ 외식이 잦다

☐ 모임을 거절하지 못한다

1개 사항이라도 해당된다면 당신은 클리어파일 가계부를 사용하기에 적합한 성향이다.

해당하는 항목이 많을수록 소비성향이 완전히 달라져 저축액을 불릴 잠재적 가능성이 높다.

『클리어파일 가계부』의 **3**가지 효과

1 힘들지 않고, 즐겁게 돈이 모인다

2 금전 문제와 미래에 대한 불안이 해소된다

3 현재보다 인생이 한결 즐겁고 풍요로워진다

자, 지금 바로 시작해보자!

저축의 고수로 만들어주는 『클리어파일 가계부』

이보다 더 간단한
가계부는 없다!

"사치를 부리는 것도 아닌데 월급 통장의 잔고가 순식간에 바닥난
다"

"가계부를 쓰고 싶지만 오래가지 못한다!"

"가계부를 쓰고 있는데도 전혀 저축이 늘지 않는다!"

"더 쉽게 돈을 저축할 수 있는 방법은 없을까?"

파이낸셜 플래너 경력 30여 년, 그리고 3000여 분의 가계 상담을
하면서 절감한 것은 때와 지역, 남녀노소를 불문하고 언제나 돈에 관
련된 고민이 계속되고 넘친다는 것이다.

더욱 놀라운 것은 "마음먹은 대로 저축이 되지 않네요" 하고 고민하

는 사람들 중에 **사치가 원인인 경우가 극히 소수라는 사실이다.**

이들 대부분은 월급을 쪼개 쓰기 위해 대형 할인점의 특가 매장을 찾아다니고, TV와 잡지에서 소개하는 절약 특집 기사를 유심히 체크하고, 재테크 정보도 꼼꼼히 모은다. 하지만 왠지 생각대로 잘 풀리지 않아 고민인 것이다.

왜냐하면 **돈이 좀처럼 모이지 않는 대개의 원인이 '무의식적인 낭비'이기 때문**이다. 자신도 모르는 사이에 돈을 쓰는 것이다. 따라서 원인이 잘 파악되지 않고 개선 방법도 없다. '이상하네……' 하고 의아해하는 가운데 세월만 간다.

이런 낭비를 끊어내는 가장 좋은 방법이 가계부를 쓰는 것이다. 그런데 사실 가계부 쓰기는 매우 귀찮은 일이다.

이 책을 펼쳐 보고 계신 분 중에도 이미 상당수 경험하셨을 것이다. '마음을 굳게 다져서 가계부를 적어보자!' 하고 **큰 결심으로 시작해보지만 좀처럼 지속되지 않는다.**

특히 항상 시간에 쫓기는 회사원의 경우는 일이 바빠 가계부 적는 것을 잊어버리기가 쉽다. 주부의 경우도 반복되는 가사와 처리해야 하는 집안 행사, 자녀의 학교 문제, 취미 생활 등으로 분주해 차분히 가계부를 적는 일이 그리 간단하지 않다. 매년 초마다 마음을 다잡고 가계부를 구입하지만 불과 며칠이 지나지 않아 먼지만 쌓인 채 오히려 가계부 구입비만 낭비하는 일이 흔하다.

나는 오사카를 중심으로 활동을 하는데 만나는 분들마다 직설적으로 이런 말씀을 하신다.

"선생님! 가계 관리를 할 시간이 나지 않아요!"

"가계부는 귀찮기만 해요. 못하겠어요."

"좀 쉽게 돈 모으는 방법은 없어요?"

비슷한 불만을 끝없이 토로한다.

생각해보면 틀린 말이 아니다.

파이낸셜 플래너가 쉽게 "가계부를 쓰세요", "라이프 플랜을 짜세요"라고 조언하지만 막상 이를 실천하기는 간단치 않다. 그래서 나는 가계부 적는 것 말고 다른 방법으로 일상의 돈을 관리할 수 없을까…… 하고 항상 고민을 하였다.

그러던 어느 날 한 모임에서 회계를 담당하게 되었다. 알다시피 100명 이상이 참가하는 모임은 회계 관리가 대단히 복잡하고 까다롭다. 참가자들에게 걷은 회비와 경비 영수증을 분실하지 않기 위해 클리어 북(클리어파일이 한 권의 책처럼 된 것)에 넣어 관리하던 차에 불현듯 눈이 번쩍 떠졌다. 이것을 가계부 대신 사용할 수 있지 않을까…….

이전까지는 종이봉투를 이용해 관리한 적도 있는데 봉투는 내용물이 한눈에 보이지 않는다는 단점이 있었다. 하지만 클리어 북이라면 바로 대략적인 잔액을 파악할 수 있다.

"돈을 모으려면 가계부를 쓰는 것이 좋다"고 말하는 근본적인 이유는 평소 돈의 출납 사항을 파악하고, 지출 방식을 개선하기 위함이다. 그렇다면 역으로 말해

① 매일의 수입과 지출을 파악할 수 있고
② 돈의 사용 방식을 개선할 수 있다

고 한다면 굳이 가계부를 쓸 필요가 없다. 나는 클리어 북을 활용해 이것을 실현할 수 있다고 확신하였다.

이렇게 해서 탄생한 것이 지금 소개하는 '클리어파일 가계부'이다.

실제 사용하는 것은 '클리어 북'이지만 TV와 잡지, 강연회 등에서 이미 '클리어파일 가계부'로 더 많이 알려져서 이 책에서도 '클리어파일 가계부'라 부른다.

그리하여 곧바로 가계 상담을 의뢰하신 분들에게 추천하였더니 지금까지 '가계부'라는 말만 들어도 "자신이 없다"든지 "계속할 수 있을지 모르겠다"고 자신 없어 하던 분들이 한번 해보겠다고 모처럼 의욕을 보이셨다. 클리어 북에 생활비를 두고 관리하는 것이 전부인 간단한 방법이라 남녀 불문, 시간적 부담도 없어 바로 시작할 수 있었다.

"가계부는 귀찮아서 오래 실천해본 적이 없다"고 말하던 분조차

"클리어파일 가계부라면 바로 돈을 넣고 빼기만 하면 되니 쉬울 것 같다"고 반색하셨다.

그리고 대단히 감사하게도 돈 문제로 고민하던 상담자들이 "드디어 나도 돈을 저축할 수 있게 되었다"는 소식을 속속 보고했다.

주부인 Y 씨는 내 집 마련을 위한 종잣돈을 모으고 싶지만 부부가 모두 있으면 있는 대로 돈을 써버리고 저축을 하지 못하는 성격이라 아예 포기하였다. 그런데 클리어파일 가계부를 시작하고 나서는 게임하는 기분으로 즐기면서 저축에 눈을 뜨게 되었다고 한다. 그 결과 연간 1000만원이나 저축에 성공하게 되었다.

주부이자 유명한 인스타그래머인 아라타 씨는 돈을 계획적으로 쓰지 못하는 성격이라 매월 적자가 계속되는 악순환을 되풀이했다. 그런데 4개월 전 클리어파일 가계부를 시작하고부터 신기하게 생활비가 이전의 절반으로 줄었다고 한다. 무의미하게 나가는 낭비가 사라지고 평생 한 번도 해보지 못한 저축이 가능하게 되었다.

클리어파일 가계부를 사용하면 놀라울 정도로 무분별한 낭비가 줄어든다. 자각하지 못한 채 슬금슬금 돈이 새는 상황에서 바로 탈출할 수 있다. 낭비가 줄어드는 것은 당연하고, 돈이 모이기 시작한다.

저축액은 사람에 따라 다르지만 클리어파일 가계부에 도전한 많은 분의 이야기를 들어보면 **이전의 저축에 더해 평균 대략 연간 500만원 정도 증가했다**고 한다.

연간 500만원이라고 하면 대단한 금액이 아닌 듯 느껴질 수 있으나 1년에 500만원의 저축이 가능하면 5년 후에는 2500만원, 10년 후에는 5000만원의 자금이 생기는 것이다. 물론 클리어파일 가계부를 실천함으로써 돈을 운용하는 기술이 몸에 익으면 한층 순조롭게 늘릴 수 있을 것이다.

그리고 **클리어파일 가계부의 좋은 점은 '실천하는 것이 즐겁다'는 점**이다. 지금까지 "가계부를 쓰다 보면 답답해진다"는 불만의 소리를 적잖이 들어왔다. 그런데 이런 '가계부 알레르기' 증상을 보이는 분조차 "클리어파일 가계부는 재미있다", "해내야 한다는 압박감에서 해방되었다"라는 긍정적인 경험담을 전하셨다.

이 책의 목적은 여러분에게 스트레스 없이 간단하게 돈을 모으고, 현명하게 사용하는 방법을 전하는 것이다. 클리어파일 가계부를 충실하게 사용하면 매일의 금전 관리가 수월해지는 것은 물론 돈을 저축하는 생활 습관도 몸에 익힐 수 있다.

전혀 의식하지 못하는 사이에 돈을 낭비하는 '무일푼 인생'에서 여유롭게 '저축하는 인생'으로 환골탈태할 수 있다.

그렇다면 클리어파일 가계부가 어떻게 '가계부 알레르기'가 있는 사람까지 저축에 푹 빠지게 만들고, '저축 하수'를 '저축 고수'로 타꿔 놓는지 알아보도록 하자.

Part 2 │ 지금 바로 클리어파일 가계부를 시작하자!

Part 1

클리어파일 가계부란?

Easy saving money
every day

한 글자도 쓰지 않아도 OK, 그럼에도 돈이 모인다

클리어파일 가계부가 다른 가계부나 가계 관리와 완전히 다른 점은 '기록해야 하는 수고가 전혀 없다'는 것이다. 그렇다, 단 한 글자도 쓰지 않아도 된다!

당신이 해야 할 것은 단지 이것뿐이다. **클리어 북(클리어파일이 책처럼 묶인 것)에 하루하루의 예산을 현금으로 넣어놓고, 아침마다 지갑에 담아 사용한 뒤 일과 후 저녁에 남은 돈을 영수증과 함께 클리어 북에 넣기만 하면 끝**이다. 이 작업을 반복하면 하루는 물론 일주일, 1개월의 지출을 손쉽게 파악할 수 있다.

돈을 모으는 데 있어 '지출 파악'은 대단히 중요하다. 자신이 어디에 돈을 썼는지 파악하지 못하면 불필요한 군더더기 지출이 슬금슬금 늘어난다.

'사치를 하는 것도 아닌데 왜 돈이 모이지 않을까' 하고 고민하는 사람은 특히 주의하자. 자신도 의식하지 못한 채 자잘한 낭비를 계속하고 있을 가능성이 있다.

이를 예방하는 방책으로 '돈을 모으고 싶으면 가계부를 적어라'라는 말을 흔히 듣는다. 가계부를 기록함으로써 돈의 사용처를 파악하고 개선하기 위함이다.

그러나 **돈을 모으지 못하는 부류의 상당수는 이를 잘 알고 있으면서도 늘 가계부를 가까이하는 습관에 실패한다.**

여러분 중에서도 '올해는 기필코! 하고 다짐하며 가계부를 샀지만 작심삼일로 끝났다'는 실패담을 가지고 있는 분이 많을 것이다.

그도 그럴 것이 가계부는 생각보다 습관화하기 어려운 툴이다.

기록하는 것이 귀찮다…….

이것이 가계부를 적는 데 최대 걸림돌이다.

구매한 내용과 금액을 메모하는 것, 이 자체는 극히 간단한 작업이다. 시간도 그리 많이 요하지 않는다. 그렇다면 어째서 이 쉬운 것을 실천하지 못할까. 이는 다음과 같은 이유 때문이다.

예를 들어 출근길에 편의점에서 산 삼각 김밥, 퇴근길에 들른 카페, 자판기에서 산 음료, 드러그스토어에서 충동적으로 산 화장수 등을 **나중에 한꺼번에 기록하려고 했지만 잊어버리고 마는 문제는 누구나 공감하는 실패 요인의 하나이다.** 요즘엔 편리한 가계부 애플리케이션

이 다수 나와 있지만 스마트폰에 상세한 항목을 지정하는 일이 번거로울 뿐 아니라, 여러 물건을 함께 계산한 경우 세세한 항목과 가격을 알 수 없는 치명적인 단점이 있다.

또한 세세하게 지출 항목을 나눠야 하는 것도 가계부의 좌절 요인이다. '집세'나 '수도·광열비', '통신비' 등은 분명하지만 이런 경우는 어떨까.

- 친구와 같이 먹은 점심 식대는 '식비'일까, '교제비'일까?
- 가족이 놀이공원에 갔을 때 먹은 팝콘은 '식비'일까, 아니면 '유흥비'일까?

하는 식으로 고민하다가 가계부 쓰는 일에 점차 소원해진다.

이같이 '기록'에 동반되는 애매함을 굳은 마음으로 어떻게든 극복하더라도 여전히 넘기 힘든 장애물이 남아 있다. 그것은 가계부 기록을 '분석'하고 '개선'하는 단계이다.

가계부를 열심히 쓰지만 이후에도 전혀 가계 상황이 나아지지 않은 사람은 이같이 '반추'하는 작업이 동반되지 않은 경우가 대부분이다.

역으로 말하면 애써 가계부를 쓰기만 할 뿐 실제 개선을 위한 행동으로 이어지지 않으면 아무런 의미가 없는 것이다.

이번에 소개하는 클리어파일 가계부는 기존 가계부의 번거로움이 전

혀 없다.

그뿐 아니라 가장 중요한 '돈 문제'도 개선할 수 있다.

클리어 북에 남은 돈의 양을 보면 잘 관리했는지, 과하게 썼는지 한눈에 알 수 있다. 지출이 너무 많은 경우는 주 단위 혹은 일 단위로 살펴보면 언제 어떻게 과용했는지 손쉽게 파악할 수 있다.

매일 돈의 움직임을 들여다보는 것이 가능하므로 불필요한 지출을 하면 바로 수정할 수 있다. **종래 가계부로는 힘들었던 '파악 − 분석 − 개선'의 사이클이 간단하게 실현되는 것이다.**

클리어파일 가계부를 사용하면
연간 500만원 저축도 OK

그렇다면 클리어파일 가계부를 사용하면 얼마나 돈을 모을 수 있을까.

내가 가계 상담을 하면서 기준으로 말씀드리는 것이 '연간 500만원'이다.

매달 돈이 모자라 카드로 연명하던 사람이 적자를 해소하고, 여기에 더해 1년에 500만원을 모으는 것이다.

매월 차근차근 돈을 모으는 사람이라면 이 적립금과는 별도로 연간 500만원의 예·적금이 생긴다.

이렇게 이야기하면 처음엔 모두 반신반의하며 손을 내젓는다.

"지금도 생활이 빠듯한데 500만원이나 모을 수 있다고요?"

"과장하시는 거 아닌가요?" 하고 반응하는 분이 적지 않다.

지금까지 돈을 한 푼도 모으지 못해 고민이었으니 당연하다면 당연한 일이다.

사실 '돈을 모으지 못하는' 원인을 따져보면 수입이 적기 때문이 아닌 경우가 많다. 사람들 대부분은 무의식중에 소비를 많이 하고 있다.

나의 경험상으로 '무슨 이유에서인지 돈이 모이지 않는다'고 상담을 하러 오는 사람 대부분이 식비(외식을 포함하지 않은 식재료 구입비)만으로 1개월에 60만원 가까이 돈을 쓰고 있다. 또한 일용 잡화 등 자잘한 지출이 40만원 가까이 된다. 즉 매일 세세한 지출을 종합하면 월 100만원 가까이 되는 것이다.

식비와 일용 잡화만으로 이렇게 사용할 리가 없다고 갸웃거린다면 다음의 경험이 있는지 떠올려보자.

- 슈퍼마켓의 계산대에서 줄을 서 있다가 옆 진열대에 있는 껌이나 과자 등을 보고 쇼핑 바구니에 담은 적이 있다.
- 길을 가다가 어묵이나 만두 냄새에 이끌려 사는 경우가 있다.
- 모처럼 쇼핑하러 왔다면 빈손으로 돌아갈 수 없다.

- '반값', '30% 할인'이라는 광고 문구를 보면 사지 않으면 손해인 듯한 기분이 된다.
- 식재료를 너무 많이 구입해 상해서 버린 적이 있다.
- 같은 아이스크림이라도 싼 것보다 유명 메이커 제품이 좋다.
- 점심이나 간식을 사러 가면 양이 부족하지 않도록 넉넉하게 구입한다.
- 드러그스토어에서 새로 나온 귀여운 방향제나 저가 화장품이 눈에 띄면 일단 구입한다.
- 싸게 할인하면 세제 등의 여유분을 필요량 이상으로 산다.

이런 식으로 소비를 하다 보면 식품과 일용 잡화만으로 월 100만 원이라는 돈이 순식간에 사라진다. 하루 3만3000원을 사용하면 1개월에 100만원 가까이 되기 때문이다.

따라서 클리어파일 가계부는 매일의 식비와 일용 잡화 — 식재료와 일상생활에서 사용하는 필수품을 구입하는 것 — 의 예산을 하루 2만원으로 한정해서 설정한다. 이렇게 함으로써 매월 100만원 가까이, 또는 그 이상 사용하는 식비와 일용 잡화와 관련된 지출을 월 60만원으로 압축한다.

하루 2만원의 예산으로 생활하면 매월 40만원이 남는 계산이므로 그만큼을 저축으로 돌린다. 이것만으로도 연간 480만원의 저축을 달성할 수 있다.

또한 클리어파일 가계부를 실천함으로써 일상의 지출이 한결 현명해진다. 연쇄적으로 교제비나 오락비 등 다른 지출의 관리도 자연스럽게 좋아져서 특별히 노력하지 않아도 수십만 원의 저축을 달성할 수 있다. 그 결과 연간 약 500만원이 실제로 수중에 남게 되는 것이다.

'하루에 2만원은 절대 무리'라는
사람일수록 성공 확률이 높다

"식비와 일용 잡화에 관련된 지출은 하루 2만원 이내로 해보세요" 하고 제안하면 "절대 무리!"라고 질색하는 분이 대단히 많다.

"우리 집은 아이들이 한창 먹성이 좋은 때라서", "일이 바빠서 반찬이나 조리 식품을 사다 먹어야 해요" 하고 말하는 분도 있다.

그래도 문제없다. 클리어파일 가계부를 실천하면 하루 2만원으로 생활하는 요령을 터득할 수 있기 때문이다.

한창 먹성 좋은 아이가 있어도, 설령 일이 바빠 요리할 시간이 없어도 하루 2만원으로 생활하는 가정이 얼마든지 많다.

주위를 둘러봤을 때 '우리와 비슷한 수준의 월급일 텐데 어째서 저렇게 여유가 있을까?' 하고 의아한 친구가 있을 것이다.

비슷한 규모 회사의 비슷한 직급에 있는데도 누구는 내내 전·월세 세입자 생활을 하지만 다른 누구는 착실히 종잣돈을 모아 본인 명의의 집을 구입한 케이스도 있을 것이다.

도대체 어디에서 차이가 발생하는가 들여다보면 역시 '돈의 소비 패턴'이다.

드러그스토어에서 발견한 귀여운 디자인의 방향제, 슈퍼마켓에서 특가로 내놓은 대용량 초콜릿 패키지 그리고 계산대 가까이에 전시해놓은 캐릭터 반창고…….

이쯤이야 하고 생각해 쇼핑 바구니에 넣지만 잘 생각해보면 꼭 필요한 것도 아니다. 이런 **자잘한 것을 빈번하게 사들인 결과, 지갑에서 돈이 사라지고 통장의 숫자는 전혀 불어나지 않는 것이다.**

'다들 이 정도는 쓰고 산다'는 생각은 독단일 뿐이다.

경제관념이 투철한 가정일수록 조일 때는 확실하게 지갑 끈을 다 잡고, 사용해야 할 타이밍에 크게 쓴다. **역으로 경제관념이 제로인 가정에서는 늘 절약을 말하면서도 필요도 없는 특가 상품을 사들여 결국에는 남아서 버리고 만다.** 다이소에서 싸다는 이유로 특별히 필요도 없는 일용 잡화를 이것저것 사들이고는 결국엔 집 안 여기저기 굴러

다니다 쓰레기로 나간다. 케이크를 살 때 사실은 혼자 먹을 것만 사면 되는데 '하나만 사면 창피하니까'라는 이유로 3개, 4개나 산다. 금액으로 하면 몇천 원에 불과하지만 이것이 쌓이면 적지 않은 액수가 되는 것은 이미 앞에서도 언급한 바이다.

심지어 자신이 어디에 돈을 썼는지조차 기억나지 않는 경우도 상당수다. 이는 곧 **돈을 썼지만 바로 잊어버릴 만큼 만족도가 낮은 소비를 했다는 증거**이다.

'하루 2만원이라니, 너무 숨 막혀서 무리'라고 느끼는 사람일수록 돈을 모을 수 있는 기회이다.

'하루에 2만원으로는 생활이 불가능하다'고 생각하는 사람은 '자신이 더 많은 돈을 쓰고 있다'는 사실을 본능적으로 잘 알고 있기 때문이다. 그렇다면 하루 3만원이라면 괜찮을까? 사람에 따라서는 4만원 혹은 5만원이 필요하다고 생각할 수도 있다.

지금 시점에서 하루 2만5000원밖에 사용하지 않는 사람과 하루 5만원을 사용하는 사람이 동시에 하루 2만원 생활에 도전한다면 어느 쪽이 더 많은 돈을 모을 수 있을까? 하루 5만원을 사용하는 사람이라면 단순히 계산해도 3만원이나 저축으로 돌릴 수 있다. 즉 돈을 모을 수 있는 여력이 충분한 것이다.

여기까지 읽고 '말도 안 되는 얘기……'라며 손사래를 치고 있는 당신, 속는 셈 치고 한번 클리어파일 가계부에 도전해보시길 바란다. 상상하는 것 이상으로 많은 돈을 수월하게 모을 수 있을 것이다.

클리어파일 가계부의
3가지 장점

① 바로 시작할 수 있다

클리어파일 가계부를 시작하려면 우선 '클리어 북'을 준비한다. 클리어 북은 다이소나 문방구점 등에서 판매한다. 사이즈는 A4든 B5든 상관없다. 집에 남은 클리어 북이 있으면 더욱 좋다. 따로 구입할 필요가 없다.

클리어 북을 준비했다면 우선 안에 들어 있는 종이에 날짜를 기입한다. 종이가 들어 있지 않은 타입이라면 복사 용지 등에 날짜를 쓰면 된다. 날짜를 적을 수 있는 백지이기만 하면 어떤 종이든 상관없다. 그리고 매일의 칸에 현금을 2만원씩 넣으면 준비 완료다.

② 성과가 바로 보인다

클리어파일 가계부의 구조는 대단히 간단하다. 매일 외출하기 전에 클리어 북에 들어 있는 2만원을 지갑에 넣고 식비와 일용 잡화를 2만원 범위 내에서 운용한다. 만약 돈이 남으면 귀가 후 클리어 북에 넣는다.

처음에는 '하루 2만원으로 산다니, 도저히 무리'라고 생각할지 모르지만 실제로 해보면 의외로 1만5000원 정도로도 충분한 날이 있다는 것에 놀랄 것이다.

클리어파일 가계부에 도전하고 있는 사람들에게 감상을 들어보면 "일반적인 가계부보다 재미있다"는 소감을 많이 접한다.

처음 시작할 때는 어떻게든 2만원에 맞추기 위해 애를 쓴다. 하지만 익숙해지면 "어제는 2000원밖에 남지 않았지만 오늘은 3000원이 남았다"며 즐기는 수준까지 되었다는 사람도 대단히 많다.

잘 운용했는지는 클리어 북을 열어보면 일목요연하게 확인할 수 있다. 자신이 얼마큼 현명하게 소비했는지 성과가 한눈에 들어오는 것도 클리어파일 가계부의 강점이다.

예를 들어 가정경제 관련 세미나에 1개월 정도 참가해 대단히 훌륭한 내용을 들었다 해도 그 자체만으로 돈 소비가 현명하게 바뀌기는 힘들다.

하지만 '이것은 잘 샀다', '이것은 사지 않아도 좋았을 텐데' 하고 매일 실감하면서 1개월을 지내다 보면 소비에 대한 사고가 놀라울 정도로 발전한다.

③ 오래 지속하기 쉽다

지금까지 몇 번이나 가계부 쓰기에 좌절한 사람이나, 절약하려고 해도 오래 유지하지 못한 사람일수록 역으로 클리어파일 가계부가 최적이다.

사실 적는 과정에서 대단히 난관이 많고 좌절하기 쉬운 툴이 가계부라는 것은 이미 앞에서도 말한 바 있다. 그러나 **클리어파일 가계부는 좌절하게 만드는 가계부의 본질적인 난관이 전혀 없다.**

예전엔 나도 가계 개선 방책으로 가계부를 권장한 시기가 있었다. 하지만 **가계부를 적는 방식으로 소비를 개선했다는 사람은 드물었다.** 천성적으로 성실한 성격의 소유자나 '가계부 적는 것을 좋아한다'는 사람이 아니면 좀처럼 오래 유지하지 못했다.

가계 상담을 의뢰한 분들에게 "가계부는 귀찮아요. 계속할 수가 없어요" 하는 불평과, 한편으로 "그것 말고 더 좋은 방법 없어요? 좀 알려주세요. 그게 선생님 전문이잖아요"라는 거센 요구를 받고 고심한 끝에 도달한 최종 병기가 바로 지금 소개하는 '클리어파일 가계브'다.

클리어파일 가계부를 사용하면
낭비나 충동구매가 줄어든다

클리어파일 가계부를 사용하기 시작하면 특별히 의식하지 않아도 낭비나 충동구매가 준다. 하루 2만원만 지갑에 넣어 생활하면 누구나 돈을 쓰는 것에 신중해진다.

하루 예산의 상한이 정해져 있으므로 내키는 대로 무의미하게 소비하는 일이 어려워지는 것이다.

가계 상담 의뢰자 중에 현재 클리어파일 가계부에 도전하고 계시는 분이 이런 말씀을 하셨다.

"예전엔 점심에 커피 전문점에서 샌드위치와 커피를 아무 생각 없이 사 먹었는데 클리어파일 가계부를 시작하고부터는 끊게 되더라고

요. 7000원이나 쓰는 것이 아까운 생각이 들어서……. 편의점 샌드위치와 1000원 커피로 바꾸었죠."

이것이 클리어파일 가계부의 효과이다. 이제까지 별생각 없이 돈을 쓰면서도, 실은 그 금액에 걸맞은 수준의 만족감을 얻지 못했다. 이 사실을 깨달았기 때문에 이분은 패턴을 바꾼 것이다.

일견 단순한 점심값 절약으로 보일지 모른다. 하지만 여기서 **주목해야 할 것은 사용한 돈이 아니라 자신이 지불한 돈에 대해 얼마만큼 만족하는가 하는 점**이다.

돈을 모으고 싶다고 생각하기 시작하면 누구나 상품의 가격표에 민감해진다. 그뿐 아니라 숫자 감각에도 예민해진다. 예컨대 카드로 소비를 하게 되면 1만9900원이라는 가격표에 맨 앞자리가 1만원이라는 것에 먼저 집중한다. 마케팅 심리로 앞자리 숫자가 작아지면 심리적 저항선이 낮아져 싸다는 착각이 들기 쉽다. 그러나 구매를 한다면 뒤의 마지막 100원까지도 현실적으로 모두 내 지갑에서 나가야 할 돈이다.

만약 수중에 한정된 현금만 있다면 이야기는 달라진다. 뒷자리의 9900원까지 정확히 따지게 된다. 그런 만큼 한층 더 제품의 효용성에 대해 고민하게 되는 것은 당연한 결과이다.

거스름돈으로 받는 잔돈에 대해서도 소중히 여긴다.

클리어파일 가계부를 사용한 후 잔돈 지갑을 꼭 지참하고 다닌다는 반응도 대단히 많이 접하고 있다.

한편 '저축은 곧 절약'이라는 이미지를 갖고 있는 분도 많을 것이다.

그러나 단순히 **쩨쩨한 절약이라면 좀처럼 지속하기가 쉽지 않다.**

예를 들어 TV 프로그램 등에서 흔히 볼 수 있는 내용으로 '전기 콘센트를 뽑으면 연간 얼마의 이득이 있다'는 등의 절약법은 들었을 때는 '오호!' 하고 생각한다. 하지만 평소 실생활에서는 귀찮아서 '차라리 돈을 조금 더 내지' 하고 포기하고 만다.

중요한 것은 만족도가 높은 소비 방식에 접근하는 것이다.

이를테면 귀가가 늦은 날 불현듯 '우동을 먹고 집에 가고 싶다'는 마음이 들었다고 하자.

우동 가게에 들러 새우튀김우동을 먹으면 1만원가량을 써야 한다. 하지만 집에 빨리 들어가 냉장고에 있는 재료와 우동면을 넣어 끓이면 약 3000원으로 간단하게 해결할 수 있다. 이 경우 어느 쪽을 선택할 것인가?

정답은 없다. 지불하는 가치를 결정하는 것은 어디까지나 당신 자신이다.

다만 '돈을 얼마든지 써도 좋다'는 상태라면 판단이 흐려지기 쉽다.

똑같은 1만원의 가격이지만 지갑에 10만원이 있는 상태인지, 2만원 밖에 없는 상태인지에 따라 판단이 크게 달라질 수 있다.

만약 지갑에 2만원밖에 없어도 1만원의 우동을 선택한다면 지금의 당신에게 이는 충분히 지불할 가치가 있다는 의미다. 죄책감을 느낄 필요도 없고, 우동을 120% 즐기면 된다.

역으로 '지갑에 2만원밖에 없으니 우동 가게에 들르지 말고 집에 들어갈까' 하고 생각한다면 귀가하는 것이 정답이다. 그렇게까지 간절히 원하지 않는 곳에 돈을 쓰지 않고 아낀 자신을 칭찬해줄 일이다.

‘수입이 많으면
돈을 모을 수 있다’는 오해

　돈이 모이지 않는다고 고민하는 사람의 대부분이 수입만 늘면 돈을 모을 수 있다고 생각한다.

　분명히 수입이 증가하면 생활은 여유로워진다. 지금까지 손쉽게 사지 못하던 가격대의 물건을 손에 넣을 수도 있을 것이다. 하지만 저축이 가능하게 되는가 하는 문제라면 반드시 그렇지 않은 경우가 많다.

　인간의 심리라고 하는 것은 재미있게도 수입이 늘었다고 해서 늘어난 만큼을 저축으로 돌리지 않는다. 수입이 늘면 그만큼 일상의 지출도 함께 커진다. 그 결과 ‘역시 돈이 모이지 않아’라는 고민을 계속하는 것이다. 오히려 **수입이 많은 사람 가운데 돈을 잘 모으지 못하는 경향**이 뚜렷이 나타난다.

이를 잘 보여주는 예가 프로야구 선수다.

나 같은 재정 플래너는 구단이나 스포츠용품 회사 등의 의뢰로 선수들의 경제에 관련한 상담을 하는 경우가 종종 있다.

이때 가장 먼저 말하는 조언이 "계약금은 퇴직금이라 생각해서 손을 대지 말라"는 것이다.

구단으로부터 드래프트 지명을 받아 수억 원의 계약금을 받고, 억 단위 연봉을 받고 있는 프로야구 선수도 생활을 잘 관리하지 못하면 파산하는 케이스가 많다. 그도 그럴 것이 많은 선수들이 대략 30대에 현역에서 은퇴한다. 은퇴하면 수입이 갑자기 뚝 떨어지는 경우가 대부분이다.

20~30대 젊은 시기에 최고급 자동차를 타던 사람이 현역에서 은퇴했다고 해서 갑자기 경차로 바꿔 타기는 대단히 어렵다. 한번 생활 수준이 오르면 예전으로 돌아가기가 힘들다.

연봉 3000만원이든, 1억원이든 저축을 하는 사람은 저축을 하고, 돈이 줄줄 새는 사람은 전혀 돈을 모으지 못하는 것이 냉혹한 현실이다.

'인생에 3번 돈을 모을 기회가 있다'는 말은 사실?

'인생에는 3번 돈을 모을 기회가 있다'고 한다. 구체적으로는 다음 과 같다.

① 독신 시절부터 부부 둘만 있는 시기
② 아이가 태어나고 초등학교 저학년 정도까지의 시기
③ 자녀가 독립하고 자신이 정년을 맞이하기까지의 시기

모두 잘 아시다시피 독신은 자유롭게 쓸 수 있는 돈이 가장 많은 시 기다.

지금까지 '집을 사고 싶다'는 상담을 요청해온 분들 가운데 종잣돈을 많이 보유한 것은 압도적으로 독신의 경우다. 특히 최근엔 여성들의 상담 의뢰가 늘고 있는데 40대 싱글 중에는 '대출을 끼지 않고 현금으로 맨션을 사고 싶다'는 분도 적지 않다.

이와는 정반대로 독신 시절에 취미 생활, 술 모임 등 오락과 유흥에 몰두해 저축이 전혀 없는 사람도 상당수다. 결혼을 앞두고서야 서둘러 돈을 모은다든지, 돈이 없어서 결혼식은 생략하고 혼인신고로만 끝내는 커플도 있다.

'돈을 모을 기회'에 해당하는 시기에는 가계에 여유를 가질 수 있지만, 한편으론 여유가 있기 때문에 자칫 낭비로 빠지기 쉽다는 점도 분명하다.

다만 '돈을 모을 기회'에 집착하여, 현재가 해당 시기가 아니라는 점을 내세워 돈을 모으지 못하는 것을 합리화해서는 안 된다. 한창 먹성 좋은 아이가 있어도, 교육비가 불어나는 시기라 해도 의지가 있으면 충분히 저축이 가능한 가정이 대단히 많다.

여유가 있는 시기든, 없는 시기든 일관성 있게 조절하면서 저축을 습관화하는 것이 중요하다. 그 점에서 클리어파일 가계부는 독신·기혼, 아이의 유무에 관계없이 식비나 일용 잡비 예산이 하루 2만원이다. 이 규칙 안에서 생활함으로써 금전 감각을 단련할 수 있다.

클리어파일 가계부를 사용하면 '현명한 소비 패턴'이 습관화된다

클리어파일 가계부를 사용하면 누구나 손쉽게 돈을 모을 수 있다. 하지만 클리어파일 가계부는 단지 저축만을 위한 툴이 아니다. 오히려 **무조건 모으는 것만이 목적이 되지 않기를 바라마지않는다.**

돈은 어디까지나 도구에 지나지 않는다. 사용함으로써 비로소 도움이 되는 것이다. 아무리 저축을 많이 했어도, 늘어나는 통장 잔액만 바라보는 인생은 의미가 없다. 현명하게 사용하여 인생을 풍요롭게 만드는 것이 돈의 중요한 의의다.

그렇다면 '훌륭하게 돈을 쓰는 방법'을 익히려면……?

일상생활에서 '후회하지 않는 소비를 하자'는 마인드를 의식적으로 항상 유지하는 것이다.

'이것저것 다 참고, 최후의 순간까지 절약해 저축하자'가 아니라 자신을 위한 소비를 한다. **원하는 것은 사면 된다.** 다른 사람이 보기에 '저런 게 왜 필요해?' 하는 물건이 본인에게는 둘도 없는 보물이 되는 일도 있다.

그렇다고 해서 욕망이 이끄는 대로 돈을 써대는 것은 '좋은 소비'라 할 수 없다. 깊이 잘 생각해 '후회하지 않는' 것과, 무감각하게 돈을 쓰고 '후회하지 않는' 것과는 비슷한 듯하지만 전혀 다르다.

머니 코칭 세미나에서 '개미와 베짱이'의 비유가 자주 등장하는데 내내 일만 하는 개미나 놀기만 하는 베짱이나 '현명한 재산 관리'라는 관점에서 보면 양쪽 모두 균형이 맞지 않는다.

이상적으로 말하자면 개미처럼 일하고, 베짱이처럼 노는 것이 좋다. 양쪽의 중간 정도를 목표로 하는 것이 적당할 것이다.

충분히 생각해 내가 진짜로 필요로 하는 것을 산다, 자신과 주변 사람들을 모두 행복하게 해주는 소비를 한다, 이를 바로 실현 가능하게 해주는 툴이 '클리어파일 가계부'이다.

하루 3000원의 낭비가
1년이면 110만원이 된다!

지금까지는 설령 납득되지 않는 지출을 했어도 일순 '아차……' 하고 후회한 뒤 바로 잊어버렸을 것이다. 자각이 없기 때문에 같은 실수가 계속 되풀이된다. 어쩌면 실패한 것조차 깨닫지 못했을지도 모른다.

물론 실패를 두려워할 필요는 없다. 실패가 다음 성공의 밑받침이 되면 된다. 이를 위해서는 자신의 소비 패턴의 약점을 파악하는 것이 필수다. 문제를 알면 극복하는 일도 훨씬 쉬워질 것이다.

반액 세일이라는 말을 들으면 갑자기 갖고 싶지 않았던 물건이 욕심난다든지, 계산대 옆에 진열된 초콜릿을 보면 자동으로 쇼핑 바구니에 담는다든지……. 이런 만족도 낮은 지출을 하루 3000원씩 줄여 가면 1개월에 9만원, 1년에 109만5000원이나 된다.

어쩌면 '하와이 여행을 가고 싶지만 돈이 없어서……'라는 고민을 해결할 열쇠가 작은 초콜릿에 있는지도 모른다.

물론 초콜릿을 너무 먹고 싶다면 이를 사는 것이 큰 문제가 되지 않는다. 그 대신 하와이 여행을 참으면 되는 것이다. 어느 쪽을 선택할지는 자신의 몫이다.

그리고 이런 선택을 할 때 항상 고민하는 단초를 제공해주는 것이 '클리어파일 가계부'이다.

다음 장에서는 클리어파일 가계부의 구체적인 사용 방법을 소개한다. 무리하지 않으면서도 돈이 모이는 현명한 지출 습관을 익혀보자!

클리어파일 가계부 실천자의 경험담 ①

아라타 씨(주부)
인스타그램 @kitchen.drunker

나는 저축은커녕 매달 얼마를 쓰는지 알지 못한 채, 항상 100만 원 가까운 적자를 내고 있었다.

결혼한 후 3년간 쓰다 중단한 가계부만 10권…….

사용하다 지워버린 앱도 셀 수 없을 정도…….

영수증을 모아 붙여놓는 방법, 사진을 찍어두는 방법 등 수많은 시도를 해봤지만 오래가지 못한 의지박약 주부였다.

결혼한 후 3년간 매달 지출조차 파악하지 못하고, 월급이 나오기 전에는 이미 수십만 원을 카드로 막아 쓰는 생활의 무한 반복이었다. 그런 내가 TV에서 우연히 본 '클리어파일 가계부'를 시작해 4개월이나 계속하고 있다! 나로서는 정말 기적 같은 일이다!!

그리고 더욱 대단한 것은 처음 당시와 비교해서 생활비가 반으로 줄었다! 그리고 생활비가 매월 10만원가량 남았다!!

이 가계부를 만나게 되어 절약은 물론 물욕도 훨씬 줄었고, 미니멀리스트라는 라이프스타일을 목표로 생활이 백팔십도 바뀌었다.

3년간 아무 개념 없이 돈을 낭비해온 나도 도전할 정도이니 누구나 클리어파일 가계부에 성공할 수 있으리라 장담한다.

Part 2

지금 바로
클리어파일
가계부를
시작하자!

클리어파일 가계부에 필요한 것

이번 장에서는 클리어파일 가계부의 기본적인 사용법을 소개한다.

클리어파일 가계부는 '클리어 북'과 '현금'만 있으면 지금 당장이라도 시작할 수 있으며, 효과를 실감할 수 있는 최강의 가계 관리 툴이다. 상세한 방법을 차례로 살펴보자.

필요한 것

● 클리어 북(클리어파일이 책처럼 묶여 있는 것)

20포켓 이상 제품. 사이즈는 B5나 A4 모두 좋다.

● 현금

1만원권 현금으로 준비한다. 1개월분의 식비 + 일용품 예산(31일이라면 62만원)을 준비하는 것이 최상이지만 주초에 일주일분을 넣는 패턴도 상관없다.

● 종이

종이가 들어 있지 않은 클리어 북인 경우는 사이즈에 맞춰 복사 용지 등을 15~20장 정도 준비한다.

클리어파일 가계부 준비

① 용지에 날짜를 기입해 클리어 북의 비닐에 꽂는다

※ 첫 장 종이 앞장에 '1일', 뒷장에 '2일', 둘째 장 종이 앞장에 '3일', 뒷장에 '4일' 하는 식으로 앞뒤로 나눠서 사용한다.

② 일일 식비·일용품 예산인 2만원을 각각의 포켓에 넣는다.

③ 식비·일용품비 외에 나가는 비용 중 현금으로 지불하는 예산은 '현금결제분'이라는 항목으로 마지막 페이지에 한꺼번에 넣는다. '쌀값'도 별도 항목으로. 집세나 수도·광열비 등 은행 계좌에서 빠져나가도록 되어 있는 것은 클리어 북에 넣지 않고 금액을 은행 계좌에 남겨놓는다.

예산 세우는 법

클리어파일 가계부는 독신·기혼·자녀 유무에 관계없이 식비·일용품 예산을 하루 2만원으로 고정할 것을 추천한다.

"2만원은 너무 적어서 무리다", "우리 집은 아이가 많아 식비가 많이 드니 예산이 더 필요하다"고 느끼는 분도 계실 것이다.

도저히 불가능한 경우는 하루 2만 5000원 혹은 3만원부터 시작해도 무방하다. 반대로 1인 가구라 2만원이 과도하다고 생각되는 경우도 하루 1만원 혹은 1만 5000원 등 얼마든지 탄력적으로 운영할 수 있다. 다만 지금까지 가계 개선을 위해 많은 분을 상담한 경험에서 가장 효과적이었던 일반적인 기준이 하루 2만원이다.

주의해야 할 것은 예산을 늘리면 그만큼 판단이 흐려지기 쉽다는 사실이다. 예산이 많으면 많을수록 '정말로 필요한지 그렇지 않은지'를 판별하기 힘들기 때문에 가능하면 하루 2만원의 빠듯한 예산 수준으로 시작할 것을 추천한다.

내게 상담하신 분들 중에서도 꽤 많은 케이스에서 아이가 3명 있는 가정임에도 요령을 잘 발휘해 생활수준을 극심하게 떨어뜨리지 않고도 하루 2만원으로 얼마든지 생활하는 것을 확인하였다(하루 2만원 이내로 생활하는 요령은 Part 3에서 상세히 소개한다).

How to 클리어파일 가계부

준비

준비물

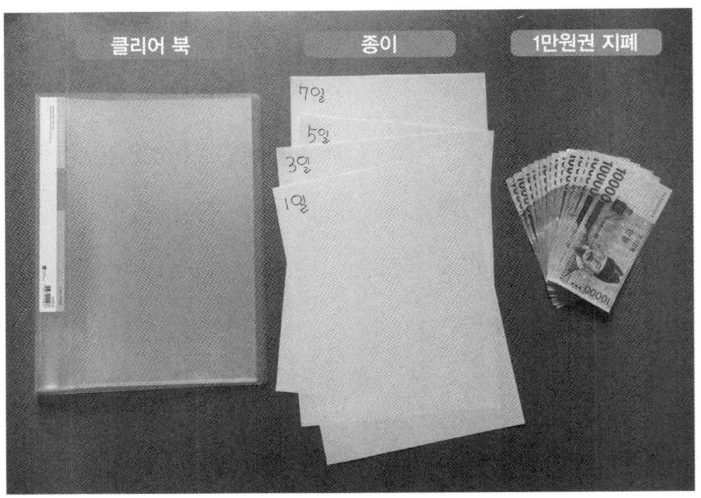

| 클리어 북 | 20포켓 이상인 제품. 사이즈는 A4나 B5 모두 좋다. |

클리어 북

20포켓 이상인 제품. 사이즈는 A4나 B5 모두 좋다.

종이

사이즈에 맞춰 복사 용지나 백지 등을 15~20장 준비.

1만원권 지폐×2장 ×일수

가능하면 1개월분을 준비하는 것이 최상이지만 일주일분이라도 상관없다. 이 경우엔 주초에 일주일분을 새로 채워 넣는다.

1 일자를 기입한 종이를 클리어 북에 넣는다. 앞면에 '1일', 뒷면에 '2일'이 오도록 앞뒤를 모두 이용한다.

2 매일의 식비·일용품 예산인 2만원을 넣는다.

3 '쌀값'은 별도 항목으로 페이지를 만든다.

4 식비·일용품 이외에 나가는 돈 중에서 현금으로 지불하는 것을 '현금결제분'이라는 항목으로 묶어 마지막 페이지에 한꺼번에 넣는다.

사용법

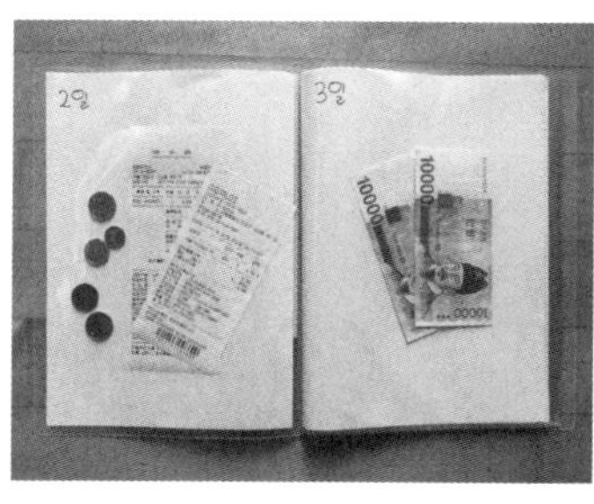

1 외출하기 전에 클리어 북에서 2만원(하루치 예산)을 꺼내 지갑에 넣는다.

2 집에 돌아오면 지갑에 남은 돈을 클리어 북에 다시 넣는다. 그날 돈을 쓰고 받은 영수증을 함께 보관하면 더욱 좋다.

'쌀값'은 별도 항목에

쌀은 다른 식재료와 달리 매일 사는 것이 아니고, 구입하는 양이나 빈도가 가족 구성에 따라 크게 차이가 있으므로 '쌀값'으로 별도의 예산을 잡아둔다.

참고로 쌀은 너무 아끼지 말고 좋은 상품으로 사는 것이 오히려 돈을 절약하는 방법이다.

돈 모으는 요령이 없는 사람일수록 당장 눈앞의 지출을 겁내고 쌀값까지 절약하려고 한다. 그러나 쌀이 좋지 않으면 밥에 맛가루 등 조미 양념을 첨가한다든지 반찬을 더 준비하는 등 결국 식비가 늘게 된다. 역으로 밥이 맛있으면 그 자체로도 식사가 즐겁다. 맛가루를 섞는 것이 아까울 정도이다. 반찬 가짓수를 1개 줄여도 식사 만족도가 떨어지지 않는다.

식비를 줄이고 싶은데 잘되지 않는 분이라면 쌀의 품질을 한번 재고해보길 바란다.

의류비나 오락비, 분기별 세금 등은 '현금결제분'에

식비 · 일용품 예산은 가족 구성과 관계없이 하루 2만원(쌀값 제외)

이라 간단하지만 그 밖의 예산은 사람에 따라 사용 범위가 다르므로 각자의 계산이 필요하다. 그렇다고 해서 대단히 복잡한 것은 아니다. 다음 페이지의 항목을 참고로 리스트를 만들어 적어보면 손쉽게 끝나므로 해보시길 바란다.

손에 들어오는 월수입에서 1개월 저축액과 집세, 수도·광열비. 보험료 등 '은행 계좌에서 빠지는 지출'과 1개월 식비·일용품비, 쌀값의 합계를 뺀 것을 '현금결제분'으로 잡는다. 수도·광열비 등을 계좌에서 빠지도록 하지 않은 집이라면 그 금액도 현금결제분에 넣는다. 다만 가계 관리의 편리성이라는 점에서는 자동이체가 가능한 것은 그렇게 하는 것이 좋겠다. 의류비나 교통비, 오락비 등은 모두 '현금결제분'으로 쓴다. 그 밖에도 현금결제분에는 남편과 아내 각자의 용돈, 교제비, 분기별 세금, 그 밖의 잡비 등 은행에서 이체되는 내역 이외의 현금으로 지출하는 내용이 모두 포함된다. 다만 분기별 세금 등으로 지출이 일시에 커지는 문제가 있는 경우는 매달 분산해서 다로 적립해두는 방법도 좋다.

현금결제분은 매달 가족의 상황에 따라 내역이 달라지며, 범위 내에서라면 무엇에 얼마를 쓰든 상관없다.

A   손에 쥐는 실수입___________만원

B   매월 저축액___________만원

C   은행 자동이체금 합계___________만원

〈은행 자동이체금 내역〉

●주택 대출금·집세 ___________원

●수도세___________원

●가스비___________원

●전기세___________원

●관리비___________원

●통신비___________원

●보험료___________원

●기타(아이 학원비 등)

___________원

※수도세나 전기세, 가스비, 통신비 등 매월 금액이 변동되는 것은 통장을 확인해 과거 1년 납부액 중 가장 높았던 액수를 기입한다.

※출퇴근, 통학 등을 위한 정기적 교통비는 필요한 예산을 통장에 남겨둔다. 그 외의 교통비는 현금결제분에서 사용한다.

합계___________원

D   식비 & 일용품 비용   하루 2만원

E   쌀값___________원

F   현금결제분

손에 쥐는 실수입(A)—[매월 저축액(B)+은행 자동이체금(C)+식비 & 일용품 비용(D)+쌀값(E)]

= 현금결제분(F)___________만원

(예)

A   손에 쥐는 실수입 300만원

B   매월 저축액 30만원

C   은행 자동이체금 합계 100만원

D   식비 & 일용품 비용 62만원(2만원×31일분)

E   쌀값 5만원인 경우

현금결제분(F)은 103만원이 된다.

클리어파일 가계부 사용법

① 외출하기 전에 클리어 북에서 하루의 예산(2만원)을 꺼내 지갑에 넣는다.

② 집에 돌아오면 지갑에 남은 돈을 클리어 북에 다시 돌려 넣는다.

매일 2단계를 반복한다. 매일 돈 꺼내는 일이 번거롭다고 며칠분을 한꺼번에 미리 지갑에 넣는 것은 절대 금물.

물건을 몰아 사는 방법에 대해서는 Part 3에서 상세히 설명하겠지만, **최소한 시작 첫 한 주 동안은 며칠분을 몰아 사는 것을 자제하고 하루 2만원의 규칙을 지키도록 한다.** 이렇게 하면 자신의 지출 패턴이 분명해지고, 어디에 어떻게 주의하면 돈이 나가는 것을 막을 수 있는지 확실히 보일 것이다.

쌀을 사는 날엔 '쌀값' 페이지에서 현금을 꺼내 지갑에 넣는다. 또한 술자리 모임이 있는 날이나 옷을 사는 날엔 '현금결제분' 포켓에서 필요한 액수만큼 꺼내 지갑에 넣는다. 그리고 귀가 후에는 '식비·일용품'과 마찬가지로 남은 돈을 클리어 북에 되돌려 넣는다.

지갑에 하루 2만원만 넣는 이유

쌀을 사는 날이나 아이 엄마들과의 점심 모임, 직장 동료의 술 모임 등 특별한 용무가 없는 한, 지갑엔 2만원만 넣도록 한다.

클리어파일 가계부를 시작하고 처음엔 대부분 "지갑에 이 금액만 넣고 하루 종일 산다고요?" 하고 당황한다. 또한 "부족하지 않을까……" 하고 불안감을 토로한다. 그러나 사실 이 **불안감을 느끼는 것이야말로 돈 모으는 습관의 첫걸음**이다.

지갑에 10만원이 들어 있다면 스타벅스 커피도 아무 거리낌 없이 사게 된다. 하지만 2만원밖에 없다면 한순간 생각할 것이다. 만약 1만원을 쓰면 지갑에 반만 남는다. '그렇다면 집에 가서 직접 커피를 내려 마실까?'라든지 '오늘은 그냥 편의점 커피로 대신할까?' 하고 자연스럽게 다양한 선택지를 고민하게 된다.

물론 '역시 오늘은 스타벅스 커피를 원해!'라고 생각한 경우는 그

대로 실행해도 좋다. 여기서 **중요한 포인트는 '정말로 필요한가?' 하고** **자문자답하는 순간이 있다는 것이다.**

남은 돈을 지갑에서 꺼내는 이유

하루의 마지막에 지갑에 남은 돈을 영수증과 함께 클리어파일 가계부에 다시 넣는다. 이때 다음 날의 2만원을 지갑에 새로 세팅하는 것도 좋을 것이다.

이런 생활이 계속되면 거의 2만원에 맞춰 모두 쓰고 오는 날이 있는가 하면 몇천 원이 남는 날도 생길 것이다.

클리어파일 가계부에 모여가는 돈을 보는 것만으로도 얼마나 돈을 잘 썼는지 성과를 실감할 수 있다. 이렇게 **남은 돈은 자유롭게 사용해도 좋다.** 다만 주의해야 할 것은 쓰다 남은 돈을 그대로 지갑에 남겨두어서는 안 된다는 점이다. 일단 클리어파일 가계부에 넣고 1주든 2주든 혹은 1개월이든 어느 정도 기간 동안 모아서 사용처를 정하도록 한다.

지갑 안에 남은 돈을 그대로 두면 하루의 예산 총액이 애매해져 소비 습관에 영향을 미친다. 결과적으로 돈이 잘 모이지 않는다.

예를 들어 하루 1000원이 남았다면 1주 후 7000원이 된다. 1개월이라면 3만원가량이 된다. 자유롭게 쓸 수 있는 돈이 만들어진 것이다. 이 돈으로 그동안 지출을 합리적으로 돌려 막느라 애쓴 자신을 위해 살짝 비싼 점심을 먹어도 좋고, **원하던 물건을 사는 예산으로 충당해도 좋다.** 물론 몇 개월 더 모아 옷을 산다든지 여행을 계획하는 선택지도 얼마든지 있다.

한편 클리어 북에 남은 돈은 가계부 마감일에 모두 꺼내 새로운 한 달이 시작하는 시점에는 깨끗하게, 완전히 새로운 상태로 만든다.

클리어 북에 넣었던 영수증도 1개월에 한 번 가계부 마감일에 모두 꺼낸다. 나중에 연말정산 할 때 필요한 의료비 관련 영수증 등은 클리어 북의 남은 빈 페이지에 보관하도록 한다. 다른 영수증은 버려도 상관없지만 스스로 판단할 때 실패한 지출 건의 영수증은 교훈의 의미로 보관해두는 것도 좋겠다.

'현금결제분'은 깨끗한 지폐로 클리어 북에 넣는다

의류비나 의료비, 교제비, 오락비, 교통비, 그 외 잡비 등의 '현금결제분'은 하루 2만원의 예산과는 별도 페이지에 한꺼번에 넣어둔다. 이때 **돈은 가급적 '깨끗한 고액권 지폐'로 두는 것이 요령**이다.

예를 들면 예산이 103만원인 경우라면 5만원권 20장과 1만원권 3

장을 넣는다. 이는 '깨끗하고 큰 신권'은 가급적 깨고 싶지 않은 심리를 활용하는 전략이다. 5만원권은 쓰기 아까운 생각이 든다. 하지만 이것이 1만원권이라면 심리적 저지선이 훨씬 낮아져 거리낌이 없다.

깨끗한 고액권 지폐를 넣어놓는 것은 깜박 쓸데없는 것에 소비하는 습관을 막는 방편이 되어줄 것이다.

클리어파일 가계부의 시작은 언제부터?

클리어파일 가계부는 언제 시작하든 상관없다. 회사원인 경우는 '월급일'부터 시작해 '다음 월급일의 전날'까지를 한 구획으로 나누면 관리하기 편할 것이다.

가정에 따라서는 맞벌이라 남편과 아내의 월급일이 다른 케이스도 있을 것이다. 예를 들면 주요 수입원이 남편이고, 클리어파일 가계부에 넣는 돈은 남편의 월급으로 운용하는 경우라면 남편 월급일에 맞추는 것이 편할 것이고, 역으로 '식비·일용품은 아내 수입으로 충당한다'는 룰에 따라 가계 관리를 하는 경우는 아내 월급일에 맞추는 것이 수월하다. 어느 쪽이든 각자가 편한 방법으로 선택하는 것이 좋다.

다만 **시작 일자를 1월 1일로 하는 것만은 피하도록 한다.** (상세한 내용은 P.136 참조)

포인트 카드는
가지고 다니지 않는다

클리어파일 가계부를 실천할 때 핵심은 지갑 속 내용물을 정리하고 하루 2만원 외에는 지참하지 않는 것이다. 여분의 돈은 물론 포인트 카드도 필요한 때만 가지고 나가도록 한다.

포인트 카드가 있으면 아무래도 마음의 경계가 무너지기 쉽기 때문이다.

길을 가다가 문득 드러그스토어에서 '포인트 10배 적립 캠페인'을 하는 것이 눈에 들어왔다. 특별히 필요한 물건은 없지만 잠깐 구경이나 해볼까 하고 발을 들여놓았다가 결국에는 '모처럼의 기회니까'라는 합리화로 예정에도 없는 지출을 하고 만다. 이때의 몇천 원, 몇만 원이 쌓인 결과가 '사치를 하지도 않는데 돈이 모이지 않는다'는 현실이다.

아무리 포인트를 많이 준다고 해도 필요 없는 물건을 사면 돈이 새어 나간다. **충동구매의 작은 단초가 될 수 있는 포인트 카드는 자칫 치명적 해가 될 수 있다.**

다만 포인트 카드는 계획적으로 사용할 때 그 위력을 발휘한다.

예를 들어 **매월 20일이 포인트 10배 적립일이라는 브랜드나 상점이 있다면 클리어파일 가계부의 해당 페이지에 예산과 함께 포인트 카드를 넣어둔다.** 그리고 그날만 지갑에 포인트 카드를 넣어 가지고 외출한다.

어차피 물건을 구입한다면 평소보다 포인트를 많이 받을 수 있는 날에 하는 것이 이득임에 틀림없다. 할인권도 마찬가지로 '사용하는 날'의 페이지에 넣는 것이 좋다. 충동구매를 막고 보너스는 챙기는 일석이조의 방법이다.

신용카드를
사용한 경우는?

클리어파일 가계부에서는 원칙적으로 물건을 구입할 때 '현금'으로 결제할 것을 권한다. 신용카드를 사용하면 지갑에서 돈이 나가는 것을 실감하지 못하기 때문에 아무래도 과소비를 부추기기 쉽다.

그뿐 아니라 물건을 산 뒤 1~2개월이 지나 지불 시점이 오기 때문에 매월 얼마를 썼는지 정확히 가늠이 되지 않는다. 카드의 개수가 많으면 한층 더 돈의 흐름을 잡기 어렵다.

지금까지 평소 신용카드를 사용한 사람이라도 일단 현금 위주로 바꿔보자.

아마 상상 이상으로 돈을 많이 쓰고 있다는 사실을 깨닫고 놀라게 될 것이다.

신용카드가 있으면 설령 지갑에 현금이 2만원밖에 없어도 얼마든지 대비책이 있으므로 절박함이 없어져 방심하게 된다. 예산을 오버해도 계산대 앞에서 창피할 우려가 없기 때문이다.

하지만 진짜 '현금으로 딱 2만원만' 있다면 비로소 진지하게 생각하게 된다. 가격표도 대충이 아니라 정확하게 본다. 일부 레스토랑 등에서 서비스 요금이 따로 붙는 상황에도 한층 예민해진다. 이런 신중함이 소비 패턴에 변화를 가져오는 것이다.

꼭 신용카드를 사용할 필요가 있는 경우는 우선 매수를 한정한다. 가장 이상적인 것은 1장이다. 1장이 무리라면 최대 2장만 남기고 나머지는 해지한다.

그리고 신용카드를 썼다면 바로 사용한 만큼의 금액을 클리어파일 가계부에서 꺼내 계좌에 입금한다. 카드로 지불한 만큼이 수중에 현금으로 남아 있고 본래 사용해서는 안 되는 지출을 추가로 한 이중의 출납 상황을 피하기 위함이다.

신용카드 포인트의 적립에는 열을 올리면서, 막상 본질적으로 더 중요한 알뜰하게 돈을 쓰는 문제에 무심한 사람이 적지 않다. 균형 있는 현명한 소비 습관이 필요하다.

돌발적인 지출에
어떻게 대응할 것인가

식비나 일용품의 예산은 하루에 2만원. 그 밖의 현금결제분은 총괄로 관리하는 것이 클리어파일 가계부의 기본이다. 또한 집세 등 자동이체되는 내역은 은행 계좌로 관리한다.

이런저런 설명을 하다 보면 "혹시 뭔가 급한 일이 생겼을 때 곤란하지 않나요?"라는 질문을 많이 받는다. 하지만 **일상생활에 '뭔가 급한 일'은 그렇게 자주 일어나지 않는다.**

예를 들면 갑자기 동창 친구에게 연락이 와서 "오늘 저녁에 술 한 잔 어때?"라는 제안을 했다고 하자. 이럴 때는 일단 당일은 거절하고 다른 날 새로 약속을 잡는다.

물론 어차피 지갑에 2만원밖에 없는 상태에서는 저녁 술자리 비용이 턱없이 모자라 난감한 상황이 예상되는 바이다. 따라서 가급적 사전에 대처해야 '위급한 사태'가 일어나지 않는다. 물론 이런 상황을 일부러 강제하기 위해 '하루 2만원 한정'을 엄수하는 것이다.

사실 많은 분이 염려하는, 만에 하나 만나는 사고의 상황이라면 돈이 얼마나 있어야 안심인지 이 또한 막연하다. 극단적인 사태를 매일 염려하는 것도 의미가 없을 것이다. 일이 생기면 생기는 대로 융통성 있게 수습할 방법을 찾으면 된다.

참고로 지금까지 클리어파일 가계부로 2만원 생활을 실천하시는 분 중에서 사고나 사건 등의 상황이 발생하는 바람에 크게 난처했다는 이야기를 한 번도 들어본 적이 없다.

한 달 동안 자유롭게 쓸 수 있는 돈에는 상한선이 있다. 즉흥적으로 마음이 동해 '가야겠다' 또는 '써봐야겠다'고 저지르고 보는 것이 아니라 냉정하게 **우선순위를 검토한 뒤 답을 내는 것이 결과적으로 후회 없는 소비가 된다.**

클리어파일 가계부 Q&A

Q 용돈의 기준은?

A 일반적으로 용돈은 수령하는 수입의 10% 정도 내에서 맞추는 것이 적정하다고 한다. 단, 클리어파일 가계부에서는 '현금결제분' 범위 내의 금액이라면 OK로 생각한다. 부부가 서로 잘 상의하여 최적의 금액을 정하도록 하자.

Q 저축액의 기준은?

A 지금까지 전혀 저축을 하지 않았던 사람이라면 클리어파일 가계부를 실천하여 여유가 생긴 돈을 매월 저축액으로 돌리면 좋을 것이다. 예를 들어 식비와 일용품에 약 100만원을 쓰던 사람이라면 40만원을 저축으로 돌릴 수 있다는 계산이 된다. 또한 이미 저축을 하고 있는 사람이라면 적금을 증액하는 것을 권한다.

Q 한 달에 사용해도 좋은 의류비나 교제비,
오락비 등의 기준은 얼마인가요?

A P.60에서 계산한 '현금결제분'의 범위 내에서라면 어디에 얼마를 쓰든 상관없다. 예를 들면 옷을 좋아하는 사람이라면 의류비에 돈을 쓰는 만큼 오락비를 적게 하는 등 균형을 맞추면 된다. 다만 지출 총액이 '현금결제분'의 금액을 초과하지 않도록 하자. 하고 싶은 것이나 갖고 싶은 것에 우선순위를 정하는 것이 저축하는 생활의 첫걸음이다.

Q 클리어파일 가계부는 언제까지 계속해야 하나요?

A 하루의 예산을 파악하고 그 범위 내에서 돈을 사용하는 스타일이 몸에 배면 중지해도 상관없다. 다만 결혼이나 출산, 전직이나 퇴직 등으로 라이프스타일에 변화가 생겼다면 재개할 것을 권한다. 가계가 적자가 될 가능성이 있는 타이밍에서 지갑을 단단히 조이면 돈이 허투루 샐 우려가 없다.

Q 매일 바빠서 거의 음식을 만들어 먹지 못합니다.
'외식비'를 '식비'에 포함시켜야 할까요?

A P.29에서 하루의 예산을 '식비·일용품' — 슈퍼마켓이나 마트, 편의점, 잡화점 등에서 구입하는 식재료와 일상생활 물품 — 을 2만원으로 정의하였다. 그러나 생활 사이클상 외식이 잦은 분의 경우 순수하게 '식비'로서의 외식이라면 식비로 분류해도 상관없다. 다만 '친교'와 '취미' 등의 요소가 있는 경우는 '교제비'나 '오락비'로 분류해 현금결제분에서 예산을 사용하도록 한다. 외식비를 식비로 분류하는 경우는 이 비용까지 포함해 2만원 이내로 맞추는 룰을 동일하게 지킨다.

Q '식비·일용품'과 그 밖의 '현금결제분'용으로 지갑을
2개 따로 가지고 다니는 것이 좋을까요?

A 지갑을 나누면 그만큼 관리하는 수고가 늘어나므로 하나로 한다. 지갑에는 보통 칸이 나뉘어 있으므로 작은 공간 쪽에 매일의 예산인 2만원을 넣고 큰 공간 쪽에 현금결제분의 돈을 넣으면 된다. 다만 현금결제분은 평소에 늘 넣고 다니는 것이 아니라 사용할 계획이 있는 날, 필요한 금액만 정확히 준비하도록 하자.

Q 지갑에 2만원밖에 없다면
만일의 상황이 발생했을 때 불안하지 않을까요?

A 도저히 불안감을 떨칠 수 없는 사람이라면 봉투에 10만원을 넣어 가방 깊숙한 곳에 넣어둔다. 이때 작은 봉투에 10만원을 넣고 다시 별도의 봉투에 이중으로 넣은 뒤 풀로 입구를 봉해두는 것이 요령이다. 이 정도로 사용하기 어렵게 만들어두면 사소한 유혹에 넘어가 쉽게 손을 대지 않을 것이다.

클리어파일 가계부 실천자의 경험담 ②

야리다 지나(가명·OL)

클리어파일 가계부를 시작한 지 3개월이 지났는데 가장 큰 변화는 5000원 이하의 지출까지 의식하게 된 점이다. 이전에는 조금만 목이 말라도 아무 생각 없이 스타벅스 등에서 커피를 사 마셨는데 지금은 '굳이 카페에 들어갈 필요가 있나?', '목이 마른 것뿐이라면 자판기에서 차를 사 마시면 되지 않나?' 하고 일단 따져본다.

클리어파일 가계부와 만나기 전 나는 '5000원 이하는 돈이 아닌 듯' 대수롭지 않게 생각했다. 하지만 하루에 쓸 수 있는 예산이 2만원으로 한정되니 갑자기 5000원이 크게 느껴졌다. 적은 돈까지 소중하게 생각하는 마음이 싹튼 것이 가장 반가운 변화이다.

또한 예전엔 야근을 하면 무조건 외식을 했는데 지금은 집에서 먹는 횟수가 훨씬 늘었다. '정말 먹고 싶은 것이 있는 경우가 아니라면 그냥 집에서 먹으면 되지' 하고 생활 패턴이 바뀌었다.

그리하여 시작하기 전에 비해 하루에 1만원 정도는 남는다. 한 달에 30만원 정도가 되므로 큰 금액이다. 얼마 전까지 꼭 마시고 싶지도 않은 커피나, 타성으로 지출한 외식비에 매달 30만원이나 썼다고 생각하면 오싹할 따름이다.

사실 가계부를 시작하고 얼마간은 현금 관리가 철저하지 못해 2만원 이상을 가지고 나간 날도 있었다. 그런데 놀랍게도 지갑에 2만원밖에 없는 날에 비해 돈이 넉넉한 날엔 확실히 씀씀이가 커졌다. 역시 2만원이라는 한도를 철저하게 지키는 것이 효과적이라는 사실을 몸소 실감하였다.

클리어파일 가계부로 돈 모으는 비결

생활수준을 낮추지 않아도, 하루 2만원으로 충분하다

이번 장에서는 클리어파일 가계부를 써서 돈 모으는 요령을 상세히 소개한다. '하루에 2만원'이라는 예산을 듣고 '그 금액으로는 생활이 불가능하다'며 고개를 내저었던 분이나 선뜻 마음이 내키지 않았던 분도 걱정할 필요가 없다.

소비의 요령만 잘 익히면 허덕이지 않고 얼마든지 돈을 모을 수 있다. 사실 아무리 마음을 굳게 먹어도 소비 습관을 바꾸는 일은 쉽지 않다. 처음 얼마간은 실행하다가도 다이어트처럼 어느 순간 '요요'의 부작용이 나타나 결국엔 슬그머니 예전으로 돌아간다. 그러나 클리어파일 가계부는 지금까지 습관적으로 해오던 낭비를 줄이고, 이 돈

소비 만족도가 높아진다 !

세일
떡
1980원
만족도 낮음
만족도 높음

을 꼭 필요한 물건을 사는 예산으로 돌리는 구조이므로 오히려 돈을 쓸 때의 만족도가 높다. 덕분에 필사적으로 근근이 유지하던 저축이 수월해진다. '갖고 싶은 것을 드디어 손에 넣었다!', '오랫동안 꿈꾸던 여행이 실현되었다!' 하고 보람이 생긴다.

이전보다 사용하는 총액은 적은데 만족도는 높아지는 것이다. 그리고 어느새 돈이 모여 있다. 이 얼마나 훌륭한 일인가!

쇼핑의 횟수를 조정한다

클리어파일 가계부의 기본은 '하루 2만원으로 생활할 것'이다. 그러나 익숙해지면 쇼핑을 하러 가는 횟수를 조정할 수 있다.

돈이 모이지 않는 사람의 특징은 쇼핑의 횟수가 매우 잦다는 것이다. 특별히 필요하지도 않은데 마트나 편의점, 드러그스토어에 무심코 들어가 불필요한 물건을 구입한다. '반액 찬스니까'라든지 '예비로 비축해둔 것이 떨어질 것 같으니까' 등 그럴듯한 핑계를 얼마든지 만들어낸다.

물건을 사는 행위 자체가 목적이 되어버리면 '절약!'을 아무리 굳게 결심했어도 절대 오래가지 못한다. 물건을 사러 가는 횟수를 줄이

면 쓰는 돈도 자연스럽게 줄어들 것이고, 시간도 절약되므로 일석이
조이다.

그뿐 아니라 사는 횟수를 줄여 몰아서 구매하면 한 번에 살 수 있는
예산도 늘어난다. 구체적으로 이틀분을 한꺼번에 구매하는 경우는
쓸 수 있는 돈이 4만원이 되는 것이다.

다만, 너무 많은 양을 몰아서 사면 이번엔 보존 기간에 문제가 발생
한다. 한 번에 몰아 사는 것은 좋지만 결국 끝까지 먹지 못하고 상해
서 버린다면 이는 절약을 하는 아무런 의미가 없다.

또한 한꺼번에 너무 많이 사서 며칠이나 내내 같은 것을 먹는 것도
지루하다. 우선은 **필요한 것을 필요한 만큼만 사는 것이 대전제다**. 아
무리 슈퍼마켓에서 파격 할인으로 닭강정을 싸게 판다고 해도 며칠
을 내리 닭강정을 먹는다면 가족은 물론 본인도 물리고 만다.

경우에 따라서는 과식을 유발하는 문제도 있다. 사실 1개만 있으면
충분히 만족스러운데 양이 많거나 자꾸 눈에 띄면 2개, 3개 아무 생각
없이 먹어 체중이 늘고 이는 건강에도 영향을 미친다.

그러므로 결국은 필요한 만큼만 적절히 조절하는 것이 최상이다.

최상은 3일분 몰아 사기

초보자에게 추천하는 것은 3일분의 식재료를 함께 사는 방법이다.

3일 단위로 쇼핑을 한다면 예산이 6만원이 되는 셈이다. 식재료 외에 일용품을 산다고 해도 제법 여유가 있다. 매일 가게에 들러 하루치만 사서 그날그날 다 소비하는 경우엔 아무래도 식재료가 단조로울 수 있지만 이 경우엔 한층 다양하게 활용할 수도 있다.

3일분이라면 식재료를 소진하는 문제도 그리 어렵지 않다. 식재료가 아직 신선할 때 다 먹을 수 있으며, 만약 남은 것이 있다 해도 사흘째엔 남은 야채로 카레를 만드는 최후의 수단도 있다. 그런데 5일 치를 몰아 사는 패턴이라면 식단을 아주 잘 짜지 않으면 야채가 시들거나, 살짝 예정이 어긋나는 경우 모두 먹지 못하고 남는 문제를 피하기 힘들다. 상당한 베테랑 주부가 아니라면 어려운 문제이므로 처음부터 너무 난도를 높이지 않는 것도 중요하다.

3일분을 몰아 살 때는 쇼핑을 하는 날 3일분 예산인 6만원을 지갑에 넣고 나갔다가 귀가 후 해당 클리어파일 페이지에 남은 돈과 경수증을 넣는다.

장을 보러 갈 때는 반드시 계산기 지참

클리어파일 가계부는 '무의식적인 낭비'를 효율적으로 막기 위한 툴이다.

막연하게 무심코 소비하는 행동을 멈추고 사용해야 할 타이밍에 필요한 지출만 하도록 항상 유의함으로써 돈이 모이는 생활 습관을 익힌다.

클리어파일 가계부를 쓸 때 병행해서 사용하면 한층 효율적인 것이 '계산기'다. 슈퍼마켓에서 저녁 반찬거리를 살 때도 단순히 눈에 띄는 물건을 무심히 장바구니에 넣을 것이 아니라 계산기를 사용해 가감한다.

늘 계산기를 지참하는 것이 귀찮다면 스마트폰의 계산기가 편리하다. 딱 2만원 이내가 되도록 의식하면서 쇼핑을 하면 충동구매도 자연히 사라진다.

드레싱을 살 때도 '아, 맛있겠다!' 하고 바로 손으로 집는 것이 아니라 '정말 살 필요가 있나?' 하고 생각하게 된다. '그러고 보니 냉장고에 먹다 만 드레싱이 아직 3개나 있지' 하고 마음을 접는 것이다. 냉정하게 판단하는 데 계산기가 큰 도움이 된다.

그뿐 아니라 게임하는 기분으로 즐길 수 있다. **무조건 구두쇠 생활을 하는 것이 정답은 아니다.** 예산 범위 내에서 잘 쓰는 것이 최선이라는 마음으로 실천하자. 계산기를 두드리면서 가장 이상적인 쇼핑 포트폴리오를 만드는 것이다. 이것만으로도 지출의 군더더기가 눈에 띄게 줄어든다. 나름대로 재미를 붙여서 즐기시길 바란다.

전단을 유심히 볼 것

장을 보러 갈 때는 '전단'을 잘 활용하는 것도 중요하다. 가계 상담가로 방송에 출연하면서 실감한 것인데 돈을 잘 모으지 못하는 사람들은 공통적으로 물건을 구입할 때 전단에 무심하다.

"우리 집엔 전단이 잘 들어오지 않는다"고 불평하는 분도 있겠지만, 요즘엔 인터넷으로 할인 정보를 제공하기도 하고 상점 입구에 따로 붙여놓기도 하므로 유심히 체크하는 습관을 들이면 좋을 것이다.

살림의 고수인 주부의 말을 들어보면 하나같이 '오늘의 특판 상품'을 확인한 후 슈퍼마켓 안을 돌아본다고 한다. 이때는 아직 바구니에 상품을 넣지 않는다. 식단을 머릿속으로 생각하면서 쭉 도는 것이다.

이보다 더 상급자의 경우는 야채를 살 때는 A 슈퍼마켓, 냉동식품의 경우는 B 슈퍼마켓으로 세분화해서 활용한다. 상점에 따라 전문 분야가 다르기 때문이다. 야채가 신선하고 싼 곳이 있는가 하면 고기를 항상 특별 가격에 선보이는 곳도 있다. 이런 특장점을 잘 관찰하고 선별하면 그만큼 지출도 쫀쫀하게 관리할 수 있다.

진심으로 원하는 것이라면 사도 OK, 다만 인내하는 시간도 필요

하루 2만원으로 생활하겠다, 마음먹었지만 좀처럼 충동구매 습관을 버리지 못하는 사람이 있다.

요사이 두드러진 현상은 과거 여성의 전유물이라 여기던 최신 가전제품에 빠진 남성이 눈에 띄게 많아졌다는 것이다. 신제품을 발매하면 사고 싶어서 들썩이고, 휴일마다 대형 전자 쇼핑센터를 어슬렁거린다.

여성의 경우는 매 시즌 유행하는 옷이나 화장품에 열을 올리는 타입이 많다. 물욕에 약한 면도 있지만 허영심의 부분도 크다. 주위 사람들에게 '역시!'라는 말을 듣고 싶은 것이다. **유행에 민감하다 보면 아무래도 씀씀이가 커진다.**

한편 똑같이 브랜드를 좋아하는 성향이지만, 오랫동안 수리해가면서 한 제품을 계속 애용하는 사람은 낭비를 하지 않는다. 부친에게 받은 롤렉스 시계를 30년 가까이 찬다는 분도 계신다.

다만, 유행을 좇는 타입이라도 예산이 한정된 상황을 만들어주면 어느 정도 충동구매 욕구를 억제할 수도 있다. 유행을 따라가길 좋아하는 것일 뿐 꼭 원하는 것이 아닌 케이스가 상당수이다. 어쩌면 근본적으로는 진정으로 좋아하는 것을 아직 발견하지 못해서라고 생각할 수 있다.

충동구매를 막는 '3원칙'

충동구매를 막기 위해 내가 권하는 것은 이런 방법이다.

3만원짜리 물건을 산다면 3일, 30만원이라면 3주, 300만원이라면 3개월 고민한다. 나는 이것을 '3원칙'이라고 부른다. '갖고 싶다!'고 생각하는 순간 바로 저지르면 대개 실패하기 쉽다. 일단 냉정하게 가라앉혀서 생각할 시간이 필요하다. 순간적으로 갖고 싶은 충동이 생긴 물건이라면 3일 정도 시간이 지난 뒤엔 시들해진다. 역으로 30일이 지나도 '역시 갖고 싶다'고 생각되는 것이라면 정말로 원하는 것이다.

순간적으로 혹해 30만원이나 되는 거금을 쓰고 정신없이 구매했건만 생각보다 별로라 실망이라며 실패를 자인하는 문제를 이 '3원칙'

룰로 어느 정도 예방할 수 있다.

'3원칙'은 아이들의 금전 감각을 키우는 데도 응용할 수 있다.

예를 들면 아이가 게임기를 사달라고 하면 "알았어. 하지만 앞으로 한 달 뒤에 사줄게"라고 약속을 한다.

1개월 후 "어떻게 할까?" 하고 물어보면 "이제는 필요 없어요"라고 말하는 경우가 대부분이다. 대개는 이미 다른 물건에 마음이 가 있다. 곧 이 말은 만약 처음 아이가 조르던 타이밍에 바로 사주었다면 1개월 후에는 싫증을 냈을 것이라는 예상이 가능하다. 잘 쓰지도 않으면서 싫증을 내는 것은 아이나 어른이나 마찬가지다.

갖고 싶은 물건이 처음 눈에 들어올 때는 후에 마음이 변하리라는 생각이 전혀 들지 않는다. 하지만 구입하는 시기를 살짝 늦춰 차분히 이성적으로 판단할 시간을 가지면 상당히 마음이 달라진다.

충동구매를 막기 위한 '3원칙'

- ●3만원의 물건은, 3일
- ●30만원의 물건은, 3주
- ●300만원의 물건은, 3개월
- ●3000만원의 물건은, 3년

고가의 물건을 살 때는 충분히 검토하자

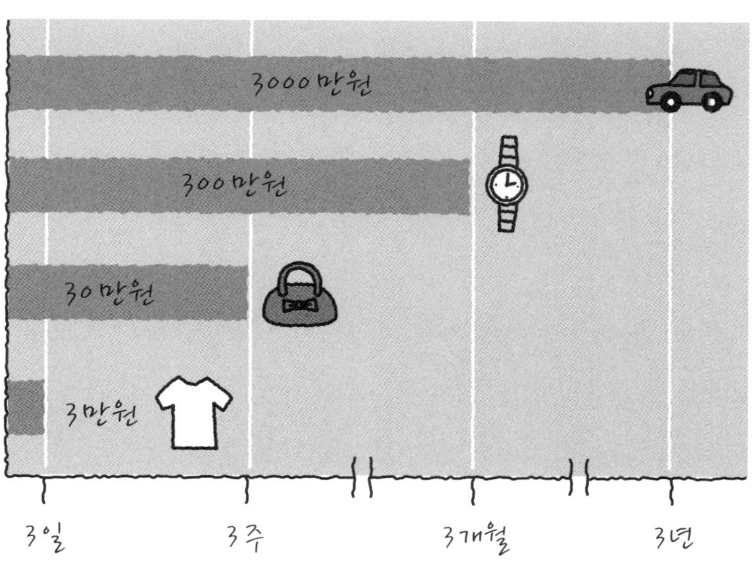

'구입 완료 리스트'를 만든다

돈이 모이지 않는 사람을 보면 대부분 '계획성이 없다'는 약점을 가지고 있다. 그럴 뿐 아니라 이에 대한 반성도 미흡해서 같은 실수를 계속 반복한다.

'후회 없는 지출을 하라'고 조언을 하면 '지금까지도 후회는 하지 않는다'는 반응이 많다. 하지만 실상을 따져보면 '후회를 하지 않는다'는 의미는 단지 무엇을 샀는지 기억하지 못하는 것이었다.

자신의 소비에 자각증상이 없는 사람에게 권하고 싶은 것이 '구입 완료 리스트'의 활용이다. P.93에 본보기를 소개하였으므로 활용해보시길 바란다.

최근 1개월 이내에 산 것을 리스트 업 하여 '욕구 지수', '만족드'를 각기 5단계로 평가한다.

구체적으로 대단히 원하던 것이라면 '욕구 지수=5'이고 지인이 부추거서 어쩔 수 없이 구입한 경우는 '욕구 지수=1'이다. 같은 방식으로 만족한 정도도 체크한다.

이렇게 하다 보면 '매우 가지고 싶었지만 지금 다시 생각해보니 사지 않는 것이 더 좋았을 듯하다'는 것이 있는가 하면 '어쩌다 샀지만 참 좋다'는 경우 등 각기 차이가 있음을 알 수 있다. 어쩌면 깜짝 놀랄 정도로 구입한 것조차 잊고 있었다는 사실을 깨달을 수도 있다.

인간은 좋지 않은 기억을 잊고 싶어 하는 특성이 있다. 따라서 때때로 '구입 완료 리스트'로 기억을 되새기지 않으면 반성하지 않은 채 같은 문제를 반복한다.

자신이 실패하는 패턴을 파악하면 같은 상황이 왔을 때 주의할 수 있다.

또한 정기적으로 리스트화함으로써 구입 후 만족도까지 고려해 쇼핑하는 습관이 생긴다.

클리어파일 가계부는 말하자면 이 '구입 완료 리스트'의 간편 버전이다.

하루에 사용한 돈을 일일이 계산하지 않아도 클리어파일 가계부 내용을 보면 알 수 있다. 어제보다 오늘 많은 돈이 남으면 잘 운용하였다는 것을 알 수 있고, 적다면 '어디에 썼지?' 하고 되돌아보게 된다. '편의점에서 불필요한 지출을 한 것이 원인이구나' 하고 짚이는 부분에 대해 개선도 용이하다.

다만 여기서 주의해야 할 것은 '많은 돈을 남기는 것이 최선'은 아니라는 점이다. **너무 과하게 조이면 생활의 질이 떨어지기 때문**이다.

하루 2만원의 한도 내에서 만족도 높은 지출을 실현할 수 있다면 전액 사용해도 좋다. 때로는 2만원의 예산에서 1만5000원어치 소고기를 사도 좋다. 맛있는 고기와 밥만으로 만족할 수 있다면 이것은 행복한 소비일 것이다. 하지만 '소고기가 너무 비싸 다른 부식이 부실해서 아쉬웠다'는 생각이라면 다음엔 고기값을 조금 줄이고 균형 있는 식단을 짜기 위해 다양한 아이디어를 짜낼 것이다.

	구입 물품 · 서비스	금액	욕구 지수	만족도
1			1 2 3 4 5	1 2 3 4 5
2			1 2 3 4 5	1 2 3 4 5
3			1 2 3 4 5	1 2 3 4 5
4			1 2 3 4 5	1 2 3 4 5
5			1 2 3 4 5	1 2 3 4 5

기입 예

	구입 물품 · 서비스	금액	욕구 지수	만족도
1	반지	20만원	1 2 3 4 ⑤	1 ② 3 4 5
2	정수기	30만원	① 2 3 4 5	① 2 3 4 5
3	니트	5만원	1 2 ③ 4 5	1 2 3 4 ⑤

1개월 이내 구입한 것을 모두 적고 '욕구 지수'와 '만족도'를 평가해보자. 되짚어보는 시간을 가짐으로써 소비의 성공·실패 패턴을 파악할 수 있다.

※구입한 것 모두를 적는 것이 아니라 비교적 고가의 항목만 써보는 것도 좋다.

사람은 충동구매를 정당화한다

일도 그렇지만, 실수는 쉽게 습관화된다. 본인이 자각하지 못하는 무의식적인 실수일수록 주의가 필요하다.

더욱이 **충동구매의 경우 어떤 식으로든 이유를 붙여서 저지르고 만다.** 지금 하고 있는 것이 분명히 충동구매라 해도 그 순간 본인에게는 충동구매가 아니다.

예를 들면 눈앞에 깜찍한 반지가 있다고 하자. 그러면

'얼마 안 있어 A의 결혼식도 있잖아'

'나이도 있는데 최소한 이런 것 정도는 가지고 있어야지' 하고 머릿속에서 '실행 계획'을 착실하게 세운다. 그리고 처음부터 살 예정이었다는 듯 자신을 속이고 만다.

그러나 살짝 시간을 두고 생각해보면
'그렇긴 한데 결혼식에는 한 해에 한 번 갈까 말까 한데'
'반지보다 더 급한 것이 있었는데?'
'그러고 보니 신발이 다 닳았지' 하고 여러 가지 고려할 사항이 나온다.

그러나 당장의 순간에는 '갖고 싶다!'는 욕구로 머릿속이 가득 차서 아무 생각도 나지 않는 것이다.

잘 판단해서 사는 것은 좋지만, 아무런 의식도 없이 지출하는 것은 소비의 효용을 충분히 느끼지 못하는 안타까운 일이다. **잘 끼지도 않는 30만원짜리 반지를 충동구매한 탓에 매일 신는 신발을 사지 못하는 등의 문제도** 적잖이 벌어지는 것이다.

돈은 한정되어 있으므로 현명하게 사용하는 것이 관건이다. 이를 위해 가계부를 잘 활용하길 바란다.

클리어파일 가계부에 남은 돈은 '포상'

클리어파일 가계부를 지속하다 보면 매일 조금씩 '남은 돈'이 모인다. 하루 2000원이라 해도 한 달에 6만원이고 현금결제분 페이지에 있는 남은 돈과 합치면 더 큰 금액이 될 것이다. 이들 남은 돈은 운용을 잘한 성과이다. **'포상'으로 활용하여 다음 한 달의 사기를 진작해도 좋다.**

예를 들면 전업주부라 따로 자신만의 용돈을 갖지 못한 경우라면 클리어파일 가계부에 남은 돈을 모두 아내가 사용할 수 있도록 하는 아이디어도 좋을 것이다. '잘 아껴 쓰면 나의 용돈이 생긴다'고 한다면 의욕이 생기고 무엇보다 재미가 붙는다.

전부터 탐내던 물건을 사는 자금으로 써도 좋을 것이고, 모처럼 홀

륭한 디저트를 즐겨도 좋다. 포상이므로 원하는 방식으로 얼마든지 쓸 수 있다.

가족이 함께 외식을 하는 것도 멋진 아이디어다. 아이가 있는 가정이라면 "아빠와 엄마가 열심히 절약했으니 오늘은 맛있는 것을 먹자" 하고 말해주고 함께 감사하며 특별한 식사를 즐겨보자. 틀림없이 **자녀의 올바른 금전 감각을 키워줄 수 있을 것이다.**

요즘 사람들은 금전 감각이 없다는 지적이 많다. 생활이 편리하고 풍요로워진 세태를 원인으로 꼽는 가운데, 나는 한편으로 현재 월급의 수령 방식에도 불만이 있다.

과거엔 월급날이 되면 아버지가 월급봉투를 받아와 어머니에게 직접 건넸다. 안에 현금이 있으므로 월급이 많은 달은 두툼하고 적으면 얇다. 어머니는 "한 달 동안 수고했어요"라며 고마움을 전하고, 아이는 자연스럽게 아버지의 노고를 실감하며 자랐다.

그런데 지금은 월급이 은행 계좌에 바로 이체되기 때문에 노동의 수고에 대한 감각이 없어졌을 뿐 아니라 마치 어른들이 용돈을 받는 날처럼 위축되어버렸다.

월급의 실물에 대한 감각이 없이 통장의 숫자로만 인식함으로써 자연히 현실을 파악하는 지각도 약해졌다. 더욱이 카드 등을 통한 지불이 일상화되면서 손에서 돈이 나가는 것에 대한 무서움 없이 지출한다. 자칫 과소비로 흐르는 것에 대해 실감하기 어렵고 저지선이 없다.

일을 한다는 것의 가치와 가계를 알뜰하게 운영하는 것의 소중함을 아이들에게 일깨운다는 의미에서도 그달에 아껴서 남은 돈으로 **가족 모두 특별한 외식을 즐기는 것은 대단히 의미가 있다.** 불고기든 뭐든 좋다. 굳이 따지자면 식당에 가서 먹는 것보다 고기를 사서 집에서 구워 먹는 것이 저렴할 것이다. 하지만 이날만큼은 '가족이 모두 절약하느라 애썼다'는 마음으로 고기를 먹으러 가는 이벤트를 맘껏 즐긴다. 부모의 이런 모습을 보면 아이들도 방마다 전기를 켜놓고 다니는 습관을 줄이게 될 것이다.

'포상'을 미리 당겨서 쓰는 것은 절대 금지

절약한 만큼 '포상'으로 활용해도 좋다고 말하면 성격이 급한 사람은 "그러면 미리 돈을 쓰고 나중에 수지결산을 맞추면 되지 않나요?" 하고 묻는 경우가 있다.

먼저 돈을 써버리면 꼭 쪼들려서 결국에는 예·적금에 손을 대거나, 수지결산을 맞추는 것이 힘들어져서 가계부를 포기하는 등 악영향이 발생한다. 돈을 모으고 싶다면 **'저금은 먼저, 포상은 나중에'**를 철저히 지키도록 하자.

반대로 '포상'을 즐기려 해도 막상 무엇에 써야 할지 떠오르지 않는 케이스도 있다. 이때는 '포상'을 별도의 계좌에 넣어놓는 것도 한 가지 방법이다. '사용하면 안 된다'고 하면 더 쓰고 싶어지지만 막상 '쓰고 싶은 대로 써도 좋다'고 하면 망설이는 사람이 의외로 많다.

'저축 이외는 모두 악'으로 생각하는 것은 스트레스이다. 반면 사용할 용도가 떠오르지 않는 경우 무리해서 쓰지 않고 모아놨다가 간절한 마음이 생겼을 때 사용하는 것은 인생의 즐거움이다.

클리어파일 가계부 Q&A

Q 남편이 자꾸 용돈을 추가로 가져다 쓰는데 어떻게 하면 좋을까요?

A 용돈 운용을 잘 못하는 남편에게는 10만원 정도 더 금액을 늘려주도록 하자. 그리고 용돈을 늘리는 대신 이후엔 부족하다는 이유로 집에서 추가로 보전해주는 일이 일절 없다는 것을 분명하게 선언한다. 지금까지의 용돈이 30만원이었다면 40만원으로 하고, 이 한도 내에서 충분히 활용하도록 다짐을 받는다. 물론 집안 경제 문제를 전담하는 아내의 입장에서 보면 씀씀이가 헤픈 남편에게 돈을 더 얹어준다는 것은 속상한 일이다.

그러나 돈 좀 아껴 쓰라는 잔소리를 아무리 해도 남편의 습관은 고쳐지지 않는다. 남편의 과도한 지출로 가계가 흔들리는 것을 막는 것이 선결 과제다. 그러므로 남편 용돈의 사용처에는 간섭하지 말고, 일단 '10만원을 추가한 범위 내'에서 해결하도록 한다. 지금까지 50만원, 60만원 슬슬 가욋돈을 가져가던 지난 행태를 생각하면 오히려 이것이 싸게 해결하는 방편일 수도 있다.

이 방법 외에 이런저런 이유를 달아 시시때때로 돈을 요구하는 남편에게 봉투 겉면에 힘내게 만드는 응원의 문구를 적어 10만원을 넣어 건넸더니 꽤 효과적이었다는 경험담도 있다. 평소 살림이 어렵다고 속상해하는 아내가 자신을 위해 어렵게 돈을 마련했다는 마음이 전해져 남자들은 대개 압박감을 느낀다. 상당히 무리한 것임을 본인도 짐작하기 때문이다. 그러나 이 방법에도 남편이 둔해서 전혀 의미를 모른다면 "나도 노력하고 있으니 당신도 애써줘요"라며 거듭 다짐하는 것이 좋을 것이다.

아내가 이렇게까지 말을 하면 허투루 돈을 써대지는 못한다. 남편 입장에서도 이 이상 더 요구하는 것은 껄끄러운 일이다.

Q 가족의 협력을 얻는 방법이 있나요?

A '가계 재정을 개선해야 하는데 남편과 아이들이 전혀 도와주지 않는다'는 고민도 주부들로부터 자주 듣는다. 혼자 분투하는 데도 한계가 있고 지쳐버리고 만다. 가족의 협력을 얻는 가장 손쉬운 방법은 '절약에 성공하면 가족 모두의 용돈을 늘린다'고 알리는 것이다.

가족이 잘 협력하지 않는 이유를 들여다보면 큰 연관성을 느끼지 못하기 때문이다. 절약에 성공하든 실패하든 자신과는 관계없는 일이라고 외면한다. 하지만 용돈 액수와 직결된다면 남편이나 아이들도 비로소 진지하게 받아들일 것이다.

한 가지 요령은 '절약에 성공하면 용돈을 늘린다'고 모두에게 공표하는 것. 다만, 반대로 '잘되지 않으면 줄인다'고 역제안까지 함께 하면 가족들의 반발심만 키워 오히려 협조를 얻지 못할 수 있으므로 주의하자. 아무리 까칠한 남편이라도 부인이 "용돈을 얼마라도 더 올려주기 위해 클리어파일 가계부를 성실하게 실천하겠다"고 말하면 싫어하지 않는다.
월말에는 절약해서 남은 금액에서 1만원이든, 2만원이든 '보너스!'라고 건네면 모두가 기뻐한다. 성공의 보람을 한번 알게 되면 동참하려는 마음이 커진다.

가족의 의욕을 부추겨 본인이 원하는 방향으로 잘 이끄는 것이 현명한 주부의 지혜이다.

오사카 아줌마의 금전 감각을 배워라(?)

저는 사용 빈도가 높은 물건은 품질이 좋은 제품을 구입합니다. 그편이 오래 쓰고 장기적으로 보면 이득이죠.

예를 들면 베개가 그렇습니다. 매일 쾌적하게 수면을 취하기 위해 제대로 만든 제품을 선택합니다.

그리고 여행 가방은 리모와(Rimowa) 제품을 오랫동안 사용하고 있습니다. 100만원 이상 호가해 사실 부담스러운 가격이지만 제 경우 연간 100회 이상 출장을 가기 때문에 충분히 본전을 뽑았다고 생각합니다. 그뿐 아니라 외국의 일부 공항은 여행 가방을 상당히 난폭하게 다루는 일이 많습니다. 손상돼도 수선을 받을 수 있으므로 어중간한 가격의 제품을 몇 개 쓰는 것보다 낫습니다. 덕분에 물건을 사기 위해 써야 하는 시간도 절약할 수 있습니다.

……강연에서 이런 취지의 이야기를 하였더니 오사카에 사시는 한 아주머니께서 이런 말씀을 하셨습니다.

"그런 거면 싼 거를 사서 오래 쓰는 게 더 이득이죠! 찢어져서 더 이상 쓸 수 없을 때까지 쓰면 되잖아요."

저는 눈이 번쩍 뜨이는 듯했습니다. 이렇게까지 절약 정신이 투철하다면 가정경제는 따로 볼 것이 없겠지요. 자린고비의 철학으로는 최강이 아닐까 합니다.

정말로 돈이나 물건에 대한 생각은 사람마다 제각각이라는 사실을 실감하였습니다.

Part 4
돈이 모이는 습관
모이지 않는 습관
Easy saving money
every day

'돈이 모이는 생활 습관'을
항상 의식하자

클리어파일 가계부를 실천하면서 반드시 함께 의식해야 할 것이 '돈이 모이는 생활 습관'이다.

나는 오랜 시간 TV나 잡지 기획을 통해 가계 진단을 위해 셀 수 없을 정도로 많은 가정을 방문하였다. 그 경험을 통해 **돈이 모이는 사람과 모이지 않는 사람의 최대 차이는 매일의 일상, 곧 생활 습관에 있다**는 것을 실감하였다. 돈이 모이는 사람과 모이지 않는 사람은 재미있을 정도로 생활 방식이 확연히 다르다. 어찌 보면 쉽게 지나쳐 넘겨버릴 수 있을 만큼 사소한 습관이다. 그러나 이것이 생활로 오랜 시간 굳어지면 그 차이는 결코 '사소하지 않다'.

내막을 들여다보면 돈이 모이는 집은 돈이 모이지 않는 집에 비해 평소 경제관념이 대단히 투철하고 이를 내면적으로 실천한다. 반면 돈이 모이지 않는 집은 내실보다 외부의 시선을 지나치게 의식하는 경향이 강하다. 가치 중심이 확고하지 않기 때문에 소비사회의 교묘한 유혹에 휩쓸려 맹목적으로 상품 구입에만 열을 올리는 경우가 많다.

이번 장에서는 '돈이 모이는 사람'과 '돈이 모이지 않는 사람'의 생활 습관의 차이에 대해 소개한다. **돈이 모이지 않는 습관을 개선하고, 모이는 습관을 익히면 하루의 예산 내에서 절약하는 것도 보다 수월해지고 자연스럽게 돈도 모인다.**

● **돈이 모이는 습관**

☐ 집이 밝다

☐ 항상 집이 깨끗하게 정리되어 있다

☐ 살림을 늘리지 않는다

☐ 식재료의 유효기간을 파악하고 있다

☐ 장지갑을 사용한다

☐ 선물은 남들과 다른 특별한 것을 고른다

☐ 술자리는 1차에서 끝낸다

☐ 영수증을 반드시 체크한다

☐ 술은 가볍게 즐기는 정도로만 한다

☐ 가족과 금전 문제에 대해 자주 대화한다

● **돈이 모이지 않는 습관**

☐ 집이 어둡다

☐ 집이 지저분하다

☐ 물건을 버리지 못한다

☐ 냉장고가 지저분하다

☐ 지갑이 영수증과 쿠폰으로 빵빵하다

☐ 명품 지갑에 집착한다

☐ 선물은 고민 없이 흔한 아이템으로 고른다

☐ TV와 게임을 좋아한다

☐ 식사에 반주가 습관화되어 있다

☐ 신용카드의 마일리지나 포인트에 집착한다

당신은 어느 쪽에 더 해당 사항이 많은가?

돈이 모이는 사람의 집은 밝다

금전적으로 쪼들리는 집을 보면 대개 대낮에도 집 안이 어둡다. **전체적으로 창문을 가릴 정도로 많은 물건이 쌓여 햇볕이 잘 들지 않는 것이다.** 수납공간에 다 정리하지 못할 정도로 무계획적으로 물건을 사들인 결과이다. 물건을 너무 많이 사기 때문에 돈이 없다. 특히 겨울철에는 어두컴컴한 실내로 햇빛이 잘 들지 않아 난방비가 더 늘어나면서 한층 돈이 새어 나가는 사이클에 빠진다.

한편 돈이 모이는 사람의 경우는 살림이 번잡하지 않고, 창을 가리는 것도 물론 없어서 집 안이 환하다. 여름철엔 창가에 야채를 키워 실내 텃밭을 가꾸는 곳도 많다.

방문하는 손님의 입장에서 말하자면 여름엔 가급적 이런 분의 집은 방문하고 싶지 않은 것이 솔직한 심정이다. 에어컨을 아예 켜지 않고 음료도 연한 보리차 한 잔이 고작이다. 반대로 돈이 모이지 않는 사람의 집은 거실뿐 아니라 각 방마다 에어컨을 켜고 환대한다. 집에 도착하면 바로 좋은 커피를 내오고 케이크까지 함께 준비해준다. "생활이 힘들다"는 상담을 하면서도 이런 상황이다. 융숭한 대접은 고맙지만 돈을 정말 모으고 싶다면 적절히 조절하는 것이 좋겠다고 생각한다.

이 정도로 사람에 따라 당연하다고 여기는 것이 다르다는 의미다. **수입이 같아도 생활 습관이 다르면 돈이 모이는 양상에도 차이가 난다.** '타산지석'이라는 옛말이 있는데 돈이 모이지 않는 사람의 생활 습관을 반면교사로 삼고, 돈이 모이는 사람의 생활 습관은 참고하면서 자신을 돌아보자.

> **돈이 모이는 생활 TIPS**
>
> 나의 상식은 타인의 비상식.
> '당연한 것'을 의심해보자.

돈이 모이지 않는 사람의 집은 지저분하다

TV 프로그램 취재 등의 일로 많은 가정을 방문하였는데 매우 특이하게도 돈이 모이지 않는 사람은 공통적으로 '집이 지저분하다'는 사실을 알게 되었다.

이들은 대개 우선순위를 정하는 일이나 버리는 일을 못한다. '언젠가 사용할지 몰라'라고 생각한다든지 '저것도 있으면 편리하지 않을까' 하고 물건을 쌓아두는 것이 주요 원인이지만, 근본적으로 **집이 지저분하다'는 것에 대한 자각이 없는 사람이 많다.** 방송 촬영 스태프가 숨을 쉬기 힘들어할 정도로 오물이 가득한 상태인데도 단지 "정리를 못해서(웃음)"라며 아무렇지도 않은 낯빛이다. 좋게 말하면 태평한 것이고, 나쁘게 말하면 무신경하다고 할 수 있다.

이런 무심한 생활이 계속되면 **물건이 과도하게 많아져 자신에게 무엇이 진짜 필요한지조차 알 수 없게 된다.** 또한 수입 이상의 생활을 하고 있다는 자각도 하지 못한다. 만족감을 느끼지도 못한 채 돈만 계속 새어 나간다. 이런 불완전연소가 침전물처럼 쌓이고, 스트레스 해소를 위한 쇼핑으로 지출이 늘어나는 악순환에 빠지는 것이다.

이런 분이 가계 상담을 해오는 경우 '일단 모두 버릴 것'을 조언한다. 과격하다고 생각할 수 있겠지만 '필요한 것만 남기자'라고 다짐해도 실행에 옮기기가 쉽지 않다. **버리는 아픔을 깨닫고, 정말 실생활에 필요한 물건만 사는 어려운 일을 경험해보면 비로소 '진정으로 원하는 것'이 무엇인지 알게 된다.** 실천하신 분들은 모두 새로 태어난 듯 전혀 달라져서 쓸데없는 낭비를 하지 않는다. 또한 일단 버리고 난 뒤에도 다시 사야 할 것이 그리 많지 않다는 사실에 놀라게 된다.

집을 깨끗하게 정리하기 힘들다면
큰마음을 먹고 모두 버려보자.

돈이 모이지 않는 사람의 냉장고엔 정체불명 식품이 넘쳐난다

상담자의 가정을 방문해 가계 상담을 할 때 반드시 맨 처음으로 점검하는 것이 냉장고다.

냉장고에는 돈을 모으는 사람과 돈을 모으지 못하는 사람의 차이가 확실하게 나타난다. 돈을 모으는 사람의 냉장고는 내용물이 적고 깔끔하게 정리되어 있다.

한편 **돈을 모으지 못하는 사람의 냉장고는 한마디로 '카오스' 상태이다.** 전에 산 음식을 다 먹기도 전에 새 식재료를 또 사서 계속 채우기만 하기 때문에 냉장고 안이 빽빽하게 빈틈없이 채워져 있다. 마시다 만 페트병 녹차와 주스도 셀 수 없다. 또한 유효기간이 지난 식재료도 수두룩하다.

냉동고에도 냉동식품이 가득. 식재료를 냉동하는 것은 좋지만 라벨을 붙여놓지 않아 본인조차 정체를 할 수 없게 된 것도 많다. 또한 먹다 남아 개봉한 인스턴트 볶음밥 등이 뒤죽박죽 엉켜 있다. **돈이 모이지 않는 사람은 특히 '보너스'라는 미끼에 약하기 때문**에 덕용 포장 상품에 쉽게 넘어가는데 막상 다 먹지 못해서 으레 남긴다. 그러는 사이 성에가 끼어 더 이상 구미가 당기지 않으면서 버리지도 못하니 악순환이다.

이런 상태에서 탈출하기 위해서는 우선 **'싸기 때문에'라는 이유로 식재료를 사는 습관을 버린다.** 장을 보러 가기 전에 냉장고 안의 내용물을 체크하고 필요한 것을 필요한 만큼만 산다. 그리고 유효기간이 지난 식품을 발견하면 바로 버리도록 한다.

냉장고와 냉동고는 영원히 음식을 보관할 수 있는 '마법의 상자'가 아니며 '쓰레기통'도 물론 아니다.

돈이 모이는 생활 TIPS

'보너스'에 낚이면 식품과 돈 모두
낭비하는 것임을 명심.

돈이 모이는 사람은 장지갑을 사용한다

"장지갑을 쓰면 돈이 모인다"는 세간의 속설이 있다. 또한 "지폐를 나란히 잘 넣으면 지갑에서 나가지 않는다(즉 돈이 모인다)"는 등의 이야기도 알려져 있다. 이것을 터무니없는 것으로 생각할 수 있다. 그러나 지금까지 가계 상담을 해온 경험으로 말하자면 완전히 미신이라고 무시할 수 없다고 본다.

돈이 모이지 않는 사람의 지갑은 대개 영수증, 포인트 카드와 같이 돈 이외의 잡동사니로 터질 듯 빵빵하다. 지갑에 얼마가 들어 있는지 물어보면 대답을 하지 못하는 사람이 대부분이다.

한편 **돈이 모이는 사람의 지갑은 깔끔하게 정리되어 있다. 자신이 소**

지한 돈이 어느 정도인지 파악하고 있기 때문에 예산을 초과하는 물건을 사서 결국에는 신용카드까지 써야 하는 등의 일도 없다.

돈을 소중히 다루면 다룰수록 쓰는 것이 아까워지고, 충동구매에 빠지지 않는다.

예를 들면 같은 5만원이라도 적당히 접어서 꾸깃꾸깃한 것과 빳빳하고 깨끗하게 보관된 것 2장이 있다면 어느 것을 사용할까. 아무래도 **깨끗한 지폐를 쓸 때는 누구나 한순간 주저할 것이다.**

지금 지갑에 있는 것이 5000원인지, 1만원인지, 5만원 지폐인지를 파악하기 쉽다는 의미에서도 장지갑은 메리트가 있다.

> **돈이 모이는 생활 TIPS**
>
> 돈을 소중하게 다루면 충동구매도 줄어든다.

돈이 모이지 않는 사람은
명품 지갑에 집착한다

지갑 안의 내용물을 깔끔하게 정돈하는 것은 돈이 모이는 첫걸음이다.

그러나 지갑 자체에 집착하는 것은 현명한 일이라 할 수 없다. 예를 들면 명품 브랜드에서 만든 지갑. 수십만 원이나 하는 고가의 지갑을 사는 것은 좋지만 그로 인해 지갑 안이 텅텅 비어 궁색하다면 얼토당토않은 일이 아닐 수 없다.

가장 위험한 것은 비싼 지갑을 소지하고 다니면서, 지갑 안이 신용카드로 가득한 패턴이다. **분에 넘치는 지갑은 분에 넘치는 지출로 이어진다.** 허영을 부리고 분수에 맞지 않게 돈을 낭비하는 무한한 패턴에 빠질 가능성이 높다.

돈이 모이는 사람의 지갑은 놀랄 정도로 수수하다. 지갑에 현란한 디자인이나 장식이 필요 없다. **남에게 자랑하고 싶은 지갑을 가지고 다니면 사용할 빈도, 즉 돈을 낼 기회만 늘어날 뿐이다.**

돈을 모으고 싶은 사람에게 추천하는 지갑은 손때가 묻은 오래된 장지갑이다. 굳이 남에게 내보이고 싶지 않은 낡은 지갑이 최고이다.

그리고 안에는 가급적 신권을 지참하는 것이 좋다. 2만원 생활에 필요한 1만원권 지폐는 크게 신경 쓰지 않아도 좋지만, 단위가 큰 물건을 사는 경우엔 깨끗한 지폐로 준비한다. 수십만 원 이상 고가의 물건을 사게 되면 몇만 원 정도의 물건은 싸게 느껴져서 아무래도 충동구매에 빠지기 쉽다. 이를 억제하는 방책으로 '신권은 쓰기 아깝다', '애써 모은 돈인데……' 하는 심리를 이용하는 것이다.

돈이 모이는 생활 TIPS

손때 묻은 오래된 지갑에
신권이 가지런히 들어 있는 조합이 최강.

돈이 모이는 사람은
명절 선물도 색다르다

돈이 모이는 사람과 모이지 않는 사람의 차이는 감사 선물에도 나타난다.

돈이 모이지 않는 사람이 고르는 것은 상점에서 흔히 볼 수 있는 아이템이다. 예를 들면 '거래처 사장님에게 드릴 선물은 술 선물 세트' 같은 식이다. 이런 패턴의 사람은 **아무 생각이 없이 다른 사람이 하는 대로 습관적으로 소비를 한다.**

한편 돈이 모이는 사람은 '들인 돈으로 가장 효율이 좋은 물건은 무엇일까?' 하는 고민을 한다. **항상 비용 대비 효과를** 의식하는 것이다. 따라서 고만고만한 기본 아이템을 고르는 일이 없다. 다른 사람과 똑

같은 것을 고르면 비슷해서 묻혀버리고 말기 때문이다.

일례로 돈이 모이는 사람은 거래처 사장님이 아니라 그의 부인이 기뻐할 만한 것을 선택한다. 부인이 "○○ 씨가 이렇게 좋은 것을 주시다니 꼭 고맙다고 전해줘요"라는 말이 나올 만한 것이 좋다.

그렇다면 어떤 선물을 하면 부인이 좋아할까?

포인트는 '본인이 사기에는 부담스러운 것'이다. 예를 들면 3만 원 정도 하는 고급 망고. 한번 먹어보고 싶지만 선뜻 구입하기는 힘든 것을 선택하면 환영받을 확률이 높다(물론 망고를 좋아하는지를 사전에 알아보는 일이 필요하겠지만).

남편 혼자 마시는 술 선물 대신 "부부 동반으로 함께 시간을 즐기세요"라며 식사권을 선물하는 아이디어도 센스 있다. 식사권은 인터넷 등에서 할인 가격으로 구입할 수도 있으므로 추가 이득이다.

> **돈이 모이는 생활 TIPS**
>
> 명절 선물은 받는 분의 가족 구성이나
> 기호에 맞추어 선택한다.

돈이 모이지 않는 사람은
축의금에 통이 크다

돈이 모이는 사람·돈이 모이지 않는 사람의 차이는 축의금의 씀씀이에도 확실하게 차이가 난다.

지금까지 방송 취재로 예·적금을 많이 하는 분부터 전혀 한 푼도 모으지 못하는 분까지 많은 가정을 방문하였는데 마치고 **돌아가는 길에 선물을 건네는 분**이 있었다. 놀랍게도 모두 돈이 모이지 않는 분들이었다.

"이렇게 와주셔서 감사합니다."
"상담을 해주셔서 큰 도움이 되었습니다" 하고 선물을 건네셨다.

그 마음은 매우 고맙고 인품도 훌륭하다. 하지만 가계 상담을 한 당사자의 입장에서 보면 "이런 데까지 굳이 안 쓰셔도 될 돈을 쓰셔서……"라는 걱정이 앞서는 것이 사실이다.

돈이 모이지 않는 사람을 보면 축의금 등에도 호기롭게 돈을 쓴다. 예를 들면 결혼식 축의금이 5만원이든, 10만원이든 먹는 음식에 차이가 나는 것은 아니다. 과하게 짜게 해서 관계가 악화되는 것은 문제지만 그렇다고 주변을 의식해서 본인의 능력 밖으로 호기를 부리는 것도 아무 의미가 없다.

결혼 축하의 경우는 돈보다 상대에게 꼭 필요한 물건을 선물할 수도 있다. 상대가 필요한 아이템을 사전에 알아보고 밤품을 팔거나 세일 기간 등을 이용해 미리 준비하면 돈 이상의 값어치를 할 수도 있다.

돈이 모이는 생활 TIPS

자신의 경제 규모와 돈의 가치를 잘 고려해서
감사의 마음을 전하도록 연구한다.

돈이 모이는 사람은
모임을 1차에서 끝낸다

인망이 있는 사람에겐 돈이 따른다는 말이 있다. 그러나 사교 생활이 너무 과도한 것도 생각해볼 문제이다. 직장 선배나 상사가 "한잔하러 가자"고 할 때 절대 거절하지 못하는 타입은 윗사람의 총애를 받아 업무적으로 성공할 듯 보이지만 실상은 돈이 새어 나가는 결과만 남을 뿐이다.

돈이 모이는 사람은 1차엔 참석하지만 2차까지는 가지 않고 귀가한다. 의리를 보이는 차원이라면 1차로 충분하기 때문이다. **한편 돈이 모이지 않는 사람은 2차, 3차…… 계속 마셔대다 결국엔 막차도 놓치고 택시를 탄다.** 물론 그만큼 돈이 계속 새고 있다.

교제를 하지 않으면 인간관계에 금이 가지 않을까 걱정하는 분도 계시겠지만 **오히려 가끔 참석하는 것이 환영받을 가능성이 있다.**

잘 어울리지 못하는 성격이나 술을 못하는 사람은 회식 등의 술자리에 동석하는 일이 내키지 않는다. 똑같은 3만원 회비 모임이라면 술자리보다 맛있는 레스토랑을 더 선호할 것이다. 그렇다면 술자리에 부를 때마다 무리해서 매번 얼굴을 내밀 것이 아니라 4~5회에 한 번의 페이스로 참가하는 것도 생각해볼 수 있다. '이제는 안 나오는 건가?' 하고 사람들이 생각할 타이밍에 나가면 존재감을 과시하는 효과도 크다. 잘 나타나지 않기 때문에 더 반가운 심리가 있다.

항상 참석하면 거절하기가 어렵지만, 일단 가끔 참석하는 사람이라는 인식이 퍼지면 거절하는 스트레스도 없어질 것이다.

> **돈이 모이는 생활 TIPS**
>
> '술자리는 1차까지만'이라는
> 나만의 룰을 만들자.

돈이 모이지 않는 사람은
술을 좋아한다

술을 좋아하시는지.

음미하는 정도라면 문제가 없지만 '없으면 못 산다'라는 정도라면 요주의이다. 어쩌면 돈이 모이지 않는 중요한 원인일 수도 있다.

재활용 쓰레기를 배출하는 날에 보면 엄청나게 많은 맥주 캔을 가져오는 가정을 종종 보게 된다. 술을 못하는 내 입장에서 보면 '어떻게 저렇게 많이 마실 수 있을까!' 하고 놀라지만 술을 좋아하는 친구는 '저 정도는 당연한 것이지'라고 말한다.

하지만 **매일 밤 맥주 1캔(약 2000원)을 반주로 마신다고 하면 1개월**

에 6만원이다. 그리고 1년이면 약 72만원이다. 주량이 더 센 사람이라면 맥주 1캔으로 끝나지 않을 것이다. 매일 2캔을 마신다고 하면 연간 146만원이다. 밖에서 마신다면 금액은 더 많아진다.

술을 마시고 취하면 판단력이 흐려지고, 기억도 엉망이 된다. 조금만 마신다는 것이 계속되어 대중교통이 끊긴 뒤에 일어서다 보니 여기에 택시비까지 추가된다.

그럼에도 술을 끊지 못하는 것이 술꾼들의 실상이지만, **술값이 고정비가 되는 생활이 지속되면 돈을 모으기가 대단히 어렵다.** '돈을 모으고 싶다'는 마음이 있다면 술을 적당히 즐기는 정도에서 자제하는 것이 바람직하다.

> **돈이 모이는 생활 TIPS**
>
> 술과 멀어질수록
> 돈이 모이는 생활은 가까워진다.

돈이 모이지 않는 사람은
TV와 게임을 좋아한다

별생각 없이 TV를 켰는데 마침 치킨 특집 프로그램이 나와 치킨 생각이 간절해진 경험이 누구나 있을 것이다. **TV에선 항상 다양한 정보가 흘러나오는데 그 대부분이 시청자의 구매 욕구를 부추기는 것이다.** 광고 선전이 정점에 있으며, 정보 프로그램이나 버라이어티 프로그램도 예외가 아니다. 최근 인기를 끌고 있는 여행지나 입소문 난 식당 등의 정보를 보고 있으면 혹하는 마음이 들고 만다.

이 밖에도 낭비 리스크를 높이는 것이 심야 홈쇼핑 프로그램이다. 본래는 자고 있어야 할 시간대이므로 판단 능력이 대단히 결여된 상태이다. 충동구매를 막는 이성이 제대로 작동하기 힘들다. 따지고 보면 이렇게 이성적 판단력이 결여된 상태에서 현명한 쇼핑을 할 수 있다는 것 자체가 무리다.

게임을 좋아하는 사람도 밤샘이 잦을 수 있다는 의미에서는 TV만 끼고 사는 사람과 크게 다를 바 없다. 또한 무료 게임으로 시작했지만 점차 유료 아이템을 구입하고, 어느덧 정신을 차리고 보니 엄청난 금액이 줄줄이 빠져나간 경우가 허다하다. 들어서는 입구의 문을 넓혀서 가볍게 시작할 수 있도록 했지만 결국엔 돈을 쓰지 않을 수 없게 만든다. 게임 회사의 얄팍한 노림수에 넘어가는 일이 없도록 하자

한편 평소에 **TV를 보지 않아도 내내 켜놓고 있는 집이라면 가급적 광고가 없거나 적은 공영방송 채널로 고정하는 것이 방법**이다. 자극적인 광고에 마음을 빼앗기거나 무심결에 유혹당하지 않는다면 구매 의욕도 무뎌지기 마련이다. 물론 잘 보지도 않는 경우라면 TV를 끄고 있거나 아예 없애고 사는 것이 전기료는 물론 시간 절약 등의 차원에서도 최상의 선택일 것이다.

돈이 모이는 생활 TIPS

돈을 쓰게 만드는 다양한 유혹을 가급적 멀리한다.

돈이 모이는 사람은
마이카에 집착하지 않는다

살고 있는 곳에 따라 자동차 소유에 대한 필요성이 달라진다. 이동 수단으로 자가용이 절대적인 지역이 있는가 하면 지하철이나 버스와 같은 공공 교통수단으로 얼마든지 커버 가능한 지역도 있을 것이다.

문제는 대도시에 살면서 자가용을 소유하는 케이스다. **가령 3000만원의 신차를 10년간 탄다고 하면 단순한 계산에도 자동차 대금에만 연간 300만원이 들어간다.** 1개월로 환산하면 25만원이다. 여기에 주차비가 추가로 들고 기름값과 유지비, 자동차세, 자동차 검사비, 자동차 보험료 등이 최소한으로 요구된다.

물론 자가용을 고집하는 자기 나름의 이유가 있다. "시내에 살아도 갑자기 급한 상황에서 자동차가 있는 것이 편리하다"는 것이 가장 흔히 듣는 이야기다. 그러나 자동차가 없으면 생활이 불편하다는 **대도시 거주자에게 나는 항상 "필요할 때마다 택시를 타면 되지 않을까요?"** 하고 되묻는다. 그런데 따져보면 의외로 매월 엄청난 자동차 유지비를 초과할 만큼 택시를 탈 기회가 많지 않다.

당연히 개중에는 업무상 없어서는 안 되는 케이스도 있을 것이다. 도시에 살면 자가용을 타서는 안 된다는 이야기가 아니다. 다만 단순히 있으면 편리하다는 정도라면 막대한 비용을 굳이 차에 쏟을 이유가 되지 않는다는 것이다.

공공 교통 시설이 갖춰진 도시에 살고 있다면
이를 최대한 활용하자.

돈이 모이는 사람은
영수증을 반드시 챙긴다

돈이 모이는 사람과 모이지 않는 사람의 차이는 영수증을 대하는 태도에도 나타난다.

돈이 모이지 않는 사람에게 물어보면 '영수증은 받지 않는다'든지 '받아서 바로 버린다'는 경우가 대부분이다. 클리어파일 가계부를 실천하면서 처음으로 영수증을 받는 의미를 깨달았다는 분도 계신다. 지금까지는 귀찮은 종잇조각으로 취급한 것이다.

한편 돈이 모이는 사람은 영수증을 찬찬히 살펴본다. 먼저 영수증을 받으면 적혀 있는 항목을 잘 체크한다. 금액과 구입한 내용물에 착오가 없는지 훑어보는 것이 습관이 되어 있다. 요즘엔 영수증이 자동 스

캔 타입이라 실수가 줄었지만 그럼에도 특가 판매 표지가 붙어 있었는데 할인 전 가격으로 찍힌다든지, 1개밖에 사지 않았는데 2개로 착오를 일으키는 일이 의외로 꽤 많이 벌어진다. 주점 등에서는 옆자리의 주문분까지 포함되는 불상사를 경험하기도 했다. 영수증을 보지 않는 사람이었다면 전혀 모른 채 과하게 돈을 지불했을 일이다.

그뿐 아니라 돈이 모이는 사람은 자신의 지출 패턴을 참고하는 자료로 영수증을 활용한다. **영수증을 보면 잘한 지출, 문제가 있는 지출이 일목요연하게 보인다.** 가령 평소와 크게 다르지 않게 장을 보는데도 이상하게 식비가 늘어날 때 영수증을 보면 원인을 파악할 수 있다. 클리어파일 가계부를 실천하고 있다면 영수증과 남은 돈이 보관되어 있으므로 종종 되돌아보면 개선의 힌트를 발견할 수 있다(영수증 활용법은 P.144에서 상세히 설명한다).

> **돈이 모이는 생활 TIPS**
>
> 영수증을 잘 챙기는 것이
> 돈이 모이는 생활의 기본.

돈이 모이지 않는 사람은
늘 '절약'을 결심한다

돈을 모은다고 하면 우선 '절약', '자린고비'부터 떠올리는 분이 대단히 많다.

그러나 절약이라는 것은 매우 성질이 고약해서, **굳게 다짐하면 할수록 생각지도 못한 곳으로 돈이 빠져나가게 만드는 물꼬 역할을 하기도 한다.**

예를 들면 옷을 사러 갔는데 정가 30만원의 원피스가 10만원이 되어 있다면 도저히 손에서 놓기 힘들다. 이보다 더 친근한 예로 슈퍼마켓의 야채 코너에서 하나에 4000원 하던 것을 2개 6000원에 팔고 있다면……?

이미 여러분이 짐작하듯 이것이 정말 필요한 것이라면 현명한 쇼핑이라 할 것이다. 그러나 단지 싼값에 끌리는 것뿐이라면 사지 않아도 될 물건일 가능성이 높다.

또한 저축을 늘리겠다는 의욕으로 갑자기 "가족 전원의 용돈을 10% 인하하겠다"고 선언한다면 반발심만 불러일으킬 것이다. '가족을 위해 돈을 절약하는 것이니 괜찮은 것 아닌가' 하고 생각할 수 있겠지만 정작 가족 개개인에게는 일방적인 강요일 뿐이다.

마구잡이로 지출을 줄이는 것보다 우선 '필요한 것'과 '가지고 싶은 것'을 평소 의식하고 쓸데없는 물건은 절대 구입하지 않는 것이 중요하다. **낭비를 줄이는 동시에 필요한 것에는 충분히 돈을 들이면 절약하는 것의 의미를 충분히 납득하게 된다.** 그뿐 아니라 자신에게 진정으로 '필요한 것'도 파악할 수 있으므로 무엇에 어떤 순서로 돈을 지출할 것인지 우선순위를 정하기도 쉬워진다.

인간의 욕구는 끝이 없다. 원하는 것을 모두 소유하려면 아무리 돈이 있어도 부족하다. 평생 펑펑 써도 부족하지 않을 것이라 했던 세계적인 슈퍼스타 마이클 잭슨조차 말년에 금전적으로 어려운 시기가 있었다고 할 정도이다.

나는 어린이를 대상으로 한 강연회에서 이런 내용을 자주 이야기한다.

우선 어린이에게 쿠키와 과자, 연필을 보여준다. 지금 가지고 있는 돈으로는 쿠키와 과자, 연필 중 한 가지밖에 사지 못한다. 그렇다면 이 중에서 어느 것을 가지고 싶은지 물어보면 아이들은 각자 자신이 원하는 것을 선택한다.

그리고 "자, 다음에 이 중에서 여러분에게 정말 필요한 것은 무엇이지요?" 하고 물어보면 거의 대부분이 '연필'이라고 대답한다. 어른 못지않은 판단력을 발휘하는 것이다.

필요한지 그렇지 않은지를 판별하면 만족도 높은 구매를 할 수 있다.
다음 페이지에 성공적인 쇼핑인지 여부를 판별하기 위한 체크리스트를 만들어놓았으므로 참고하길 바란다.

돈이 모이는 생활 TIPS
정말 돈을 '써야 할 곳'을
신중하게 판단하자.

☐ 정말 필요한가?

☐ 비슷한 것을 가지고 있지 않은가?

☐ 예산을 초과하지 않았는가?

☐ 본인이 관리할 수 있는 것인가?

☐ 장기간 사용할 수 있는가?

☐ 수납공간이 있는가?

☐ (세일 상품의 경우) 정가에도 살 마음이 있는가?

살지 말지 검토할 때 이 체크리스트를 보도록 하자. '필요한 것'인지 '지금 당장 갖고 싶은 마음이 든 것인지'를 판단하는 데 도움이 된다.

돈이 모이지 않는 사람은
1월 1일부터 가계부를 시작한다

예로부터 1년 계획은 새해 첫날의 가장 중요한 행사로 인식되어왔다. 그러나 가계 관리에 관해서 말하자면 '1월 1일부터 심기일전, 올해는 가계부를 쓰면서 분발하자'는 작전이 전혀 바람직하지 않다. 오히려 **1월 1일부터 시작하겠다고 생각하기 때문에 실패한다**고 하는 것이 맞을 정도이다.

1월은 다른 때에 비해 임시 지출이 대단히 늘어나는 시기이다. 새해 인사나 선물, 세뱃돈 등 '영수증이 없는 지출'도 폭증한다. 그뿐 아니라 본가 방문이나 신년 준비에 신경을 써야 하는 등 체력도 필요하다. 저녁에는 파김치가 되어 가계부를 쓸 정신이 없다.

이러는 사이 가계부에는 손도 대지 못한 채 며칠이 지나고 '아무래도 올해도 안 되겠다. 내년에나 도전해봐야지……' 하고 포기하는 사람이 급증한다.

클리어파일 가계부는 어느 달이든 바로 시작할 수 있으므로 굳이 1월을 기다릴 필요가 없다. 오히려 가급적 이때를 피할 것을 조언한다. **해야 할 일이 너무 많고 결심한 것이 많아서 자칫 용두사미가 될 우려**가 있다. 또한 앞서도 언급했듯 1월은 임시로 나가는 비용이 많다 돈이 들고 나는 것이 복잡하므로 가계부를 운영하는 것 자체가 큰 부담이 될 수 있다.

가능하면 1월이 되기 전에 클리어파일을 시작해서 요령을 익힌 후 여유를 가지고 새해를 맞을 것을 추천한다.

돈이 모이는 생활 TIPS

1월 1일로 결심을 미루지 마라.
클리어파일 가계부는 바로 시작할 수 있다.

돈이 모이는 사람은
보너스를 받기 전에 사용처를 생각한다

보너스를 받기 전부터 사용할 곳을 생각한다니 "너구리 굴 보고 미리 피물 돈 내어 쓴다"는 격이라고 생각할 것이다. 그러나 사실은 이것이야말로 돈이 모이는 사람의 생활 습관이다.

보너스는 회사의 업적이나 개인 실적에 따라 금액이 변동한다. 일견 받은 뒤에 사용할 곳을 생각하는 것이 합리적인 듯 보인다. 그러나 이것은 큰 착각이다. 모처럼 목돈을 손에 쥐면 기분이 좋아져서 예정에 없는 마구잡이 지출을 하기 쉽기 때문이다.

보너스가 들어오는 1개월 전부터 가족회의를 개최한다. 부부가 가계의 현실을 공유하고, 이후 받을 보너스를 어떻게 사용할지에 대해 대화를 나눈다.

아이가 중학생 이상의 연령이라면 함께 회의에 참가하는 것도 좋을 것이다. 당당한 가족의 일원으로 대접하며, 돈에 관해 부모의 가치관을 충분히 전달함으로써 책임감을 키울 수 있다.

보너스가 들어오는 타이밍에 본가에 가기로 한다면 '일찍 표를 예매해놓을까?'라든지 '휴가를 받아 여행을 즐기고 싶은데 돈이 모자랄까?' 등의 회의를 통해 이후 큰 지출이 예상되는 것이라면 미리 분할해 돈을 모아놓는다. 일찍 준비를 시작한다면 그만큼 가계를 압박하는 부담도 줄어들 것이다.

여담이지만 나의 경험으로 보아 **돈에 대해 대화를 많이 나누는 가정일수록 저축이 많고 또한 원만한 경향이 있다.** 반대로 돈에 대해 감추는 것이 많은 가정은 위험하다. 남편이나 아내가 비밀로 돈을 관리하다가 자칫 헛되이 빠져나가거나 사기 등의 좋지 않은 사고를 당하는 경우가 비일비재하다. 화목한 가정을 만들기 위해서도 평소 가정의 금전 문제에 대해 이야기를 많이 나누는 습관을 갖도록 하자.

> **돈이 모이는 생활 TIPS**
>
> 보너스 등 목돈이 들어오는 시기엔 가족이 함께
> 회의를 해 가계 상황에 대해 공유한다.

돈이 모이지 않는 사람은
신용카드 포인트에 집착한다

'클리어파일 가계부를 실천하려면 현금 사용이 기본.'

'신용카드는 가급적 사용하지 않기를 권한다'고 앞서 말하였다.

그런데 이런 말을 하면 "신용카드 포인트를 모으고 있는데 곤란해요!"라며 이의를 제기하는 분이 계신다.

그러나 신용카드 포인트로 연간 얼마나 이득을 보고 있는지 따져보셨는지. 예를 들면 업무상 매일 몇십 킬로미터를 운전해서 자주 기름을 넣어야 하는 분이라면 주유 포인트 적립 카드에 집착하는 것을 이해할 수 있다. 연회비를 상회하는 포인트를 적립한다면 이는 현명한 선택일 것이다.

그러나 일반 가정에서 생활에 드는 지출을 신용카드로 결제하는 정도라면 포인트를 모으는 것보다 현금 생활로 낭비를 줄이는 것이 훨씬 현명한 절약 테크이다.

어째서 카드 회사가 포인트 혜택을 줄까? 그것은 포인트를 모으고 싶다는 마음으로 소비를 늘리는 고객이 있기 때문이다. 예를 들면 '이 달은 생일이 있으므로 포인트를 3배 드립니다'라고 하면 갑자기 '뭐 좀 사볼까?' 하고 예정에도 없이 구매 욕구를 키우는 것이 사람들의 일반적인 심리다. **물건을 구입할 때가 아니라 교통비, 아파트 관리비 등과 같이 매월 정기적으로 지출하는 돈만 한정해 카드 결제를 활용하는 것이 바람직하다.**

현금을 현명하게 사용하지 못하는 사람에게 신용카드는 대단히 무섭고 위험한 물건이다. 우선은 현금 생활의 달인이 된 뒤 카드의 달인을 목표로 하자.

> **돈이 모이는 생활 TIPS**
>
> '눈앞의 떡고물'에 휘둘리는 생활에서
> 한시라도 빨리 졸업하자.

돈이 모이지 않는 사람은
대형 마트만 고집한다

돈이 모이지 않는 사람의 특징으로 '고정관념이 강하다'는 점이 있다. 예를 들면 '편의점이나 동네 작은 가게는 비싸고 대형 마트가 싸다'는 생각도 그 하나일 것이다. 과연 이것은 사실일까.

편의점에서 1봉지에 1000원 하는 과자를 사는 것과 대형 마트에서 덕용 패키지의 과자를 2980원에 사는 것, 어느 쪽이 비쌀까?

'대형 마트의 덕용 포장이 많이 들어 있으므로 1그램당 금액이 싸다'고 판단할 수 있다. 하지만 이는 어디까지나 과자를 많이 살 필요가 있을 때의 이야기다.

단순히 현재 지갑에서 나가는 금액에만 주목한다면 1000원과

2980원, 어느 쪽이 더 큰지 너무나 명확하다.

　그뿐 아니라 대형 마트에서의 쇼핑 패턴을 보면 대개 자동차를 가져가서 쇼핑몰 내의 큼지막한 카트를 밀고 다니면서 필요한 물품을 한꺼번에 사는 경우가 많다. 분명 편리하긴 하지만 커다란 쇼핑 카트에 원래 목적한 쇼핑 리스트 외에 계획에도 없는 품목까지 가득 담기 십상이다.

　대형 마트를 그나마 알뜰하게 이용하겠다면 카트가 아니라 장바구니를 들고 다니는 것이 좋다. 지나치게 크고 편리한 카트를 끌고 다니다 보면 필요하지도 않은 물건임에도 할인에 넘어가 구입한다든지, 빼곡히 진열된 다양한 상품에 판단력이 흐려져 과소비를 하고 만다. 설상가상으로 대형 마트에 한번 들어가면 시간을 잊고 쇼핑하는 일이 다반사다. 쇼핑하는 시간을 미리 제한해서 목표를 세우도록 한다.

　필요한 물건은 가급적 집 가까운 소매점이나 편의점을 이용해 아예 큰돈이 나가지 않도록 예방하는 것이 현명하다.

필요한 물건만 그때그때 사서 사용하자.
덕용 패키지의 유혹에 넘어가지 말 것.

익숙해지면 도전해보자!
'영수증 활용법'

클리어파일 가계부에서는 받은 영수증을 잔돈과 함께 클리어 북에 넣기만 하면 끝이다. 따로 항목과 돈을 수첩에 기입할 필요도 없고, 총액을 계산할 필요도 없다.

이것만으로도 충분히 돈을 모으는 데 도움이 되지만, 익숙해지면 영수증을 활용해 한층 알뜰한 소비를 할 수 있다.

받은 영수증을 클리어 북에 넣기 전에 가볍게 내용을 체크하도록 한다.

다시 살펴보면서 '이 쇼핑은 성공적이다!'라고 생각하면 ○, '실패했다'고 생각하면 ×를 표시한다. '어느 쪽인지 애매하다'는 영수증에는 △를 달아도 좋다.

혹은 만족도에 따라 점수를 매기는 것도 좋다. 예를 들면

● 만족 ············ 5점

● 대체로 만족 ············ 3점

● 살짝 불만 ··········· -3점

● 불만 ··········· -5점

<table>
<tr><td colspan="3" align="center">○○ 슈퍼마켓</td></tr>
<tr><td>5</td><td>양파</td><td>₩980</td></tr>
<tr><td>3</td><td>고등어</td><td>₩2000</td></tr>
<tr><td>5</td><td>토마토</td><td>₩2800</td></tr>
<tr><td>-3</td><td>덕용 포장 쿠키</td><td>₩2980</td></tr>
</table>

평소에 일상적으로 이렇게 반성하는 시간을 가지면 금세 쇼핑의 달인이 된다. 실패를 자각하면 자연히 다음에 이를 되풀이하지 않는다. 그 결과 돈이 모이는 습관이 몸에 배는 것이다.

돈이 모이지 않는 사람들의 공통적인 입버릇

낭비를 정당화하는 5가지 말

'모처럼의 기회이니……'

'돈보다 추억'

'운명의 만남'

'이참에……'

'뭐, 괜찮아'

돈을 모으지 못하는 사람은 자신을 납득시키는 변명에 능하다. 예를 들면 여행지에서 예산을 세우지 않고 '모처럼의 기회이니', '돈보다 추억'이라는 식으로 낭비를 정당화하곤 한다. 또는 갖고 싶은 물건이 눈에 띄었다고 해서 '운명의 만남'이라며 충동구매를 쉽게 변명한다. '이참에……'라는 말은 이를테면 이사를 하면서 마음이 풀어져 돈을 마구 써대는 경우에 흔히 나오는 말인데, 크게 목돈이 나갈 위험성이 대단히 높은 말이다. 그리고 이렇게 잘못된 소비를 마구 하고서도 '뭐, 괜찮아'라며 반성하지 않는 것이 돈을 모으지 못하는 사람이 흔히 저지르는 고정 패턴이다. 이들 5가지 말이 입에서 나오려 할 때는 자제하도록 마음을 단단히 먹을 것.

클리어파일 가계부로
만성 적자와
불안 해결

돈은 쓰기 위해 있는 것이다

미래에 대한 불안이 불현듯 커져 클리어파일 가계부를 무작정 돈을 아끼는 수단으로만 활용하는 것은 내가 뜻하는 바가 아니다.

낭비를 줄이고 제대로 돈을 모으면서도 **사용해야 할 곳에는 현명하게 지출하고 풍요로운 인생을 만드는 도구가 되었으면 하는 것**이 진정한 바람이다.

가령 '돈을 모으는 원리는 의외로 간단하다'고 말한다면 어떨까. 아마도 많은 분이 의아하게 생각할 것이다. 하지만 이것은 틀림없는 진실이다.

짠 내 나는 자린고비 절약을 하고, 10원이라도 더 많이 통장에 남기는 생활을 지속하면 저축액은 금세 불어난다.

예컨대 다이어트를 상상하면 쉽게 이해할 것이다. 몸이 섭취하는 열량보다 활동으로 소비하는 열량이 더 많으면 틀림없이 살이 빠진다. 수없이 많은 방법이 세상에 쏟아지지만 다이어트의 근간은 이 단순한 원리 하나이다. 다만 더 나아가 한층 욕심을 내서 '예쁘게 살을 뺀다'든지 '건강하게 살을 뺀다'는 문제는 별도의 차원이다. 일시적으로 체중을 줄였다 해도 요요가 와서 곧 예전으로 돌아가는 경우도 있다. 그러므로 건강하게 그리고 지속 가능한 다이어트 방법을 찾는 것이 중요하다.

돈을 모으는 것도 마찬가지다. 오로지 모으기만 하고 전혀 쓰지 않는다면 인생은 대단히 건조해질 것이다. 또한 자칫 돈을 절약하는 것이 주변 사람들과의 교류까지 단절한다든지, 폐를 끼치는 등의 잘못된 이기심으로 작동한다면 역효과다. 그 외에도 일시적으로 돈을 모았다 해도 극단적인 절약에 대한 반동으로 더 큰 낭비에 빠진다면 전혀 의미가 없다. 500만원을 모았다가 500만원을 흐지부지 써버리는 생활이 반복된다면 저축 총액은 전혀 늘어나지 않는다. 즉, **'올바른 지출 방법'**을 깨닫고 실천하지 않는 한 돈에 대한 고민에서 해방되지 못한다.

역으로 말하면 돈을 잘 사용하는 방법만 몸에 익히면 돈을 모으는 것이 간단하며, 적금을 중간에 깬다든지, 돈을 빌려야 하는 사태는 일어나지 않는다. 월급이 일주일 안에 사라져 남은 날을 신용카드로 간신히 버티는 악순환의 고리도 끊을 수 있다.

필요할 때 필요한 만큼 돈을 사용할 수 있으면 돈에 대한 욕구불만에서도 해방된다.

그렇다면 필요할 때 필요한 만큼 돈을 사용하는 요령은 어떻게 터득할까. 그중 하나는 '목표를 가질 것'이다. 다음 페이지에서 더 상세하게 설명한다.

목표가 있으면
욕망을 컨트롤할 수 있다

흔히 '목표가 없으면 돈이 모이지 않는다'는 말을 듣는다. 확실히 '집을 짓겠다'든지 '아이들을 사립 초등학교에 보내고 싶다'는 등의 구체적인 목표를 정하면 저축하는 동기가 부여되며 좌절하거나 쉽게 포기하지 않는 요인이 된다.

그렇게까지 큰 목표가 아니더라도 '1년에 한 번은 가족끼리 여행을 가고 싶다'거나 '컴퓨터를 교체하고 싶다'는 등의 작은 목표도 돈을 모으는 데 동기부여가 될 수 있다. **정말로 갖고 싶은 것, 필요한 것을 위해서라면 사람은 얼마든지 욕망을 컨트롤할 수 있다.** 줄줄 새는 무의미한 낭비 습관을 제어할 수 있는 것이다.

클리어파일 가계부를 시작하면 목표를 세우기 쉬워진다.

예를 들면 어제는 200원밖에 남지 않았지만 오늘은 4000원을 남길 수가 있다. 클리어파일 가계부에서는 그날그날 돈을 운용한 결과가 바로 나온다. 만약 하루 4000원을 남길 수 있다면 30일에 12만원이 된다. 이것을 원하는 대로 자율적으로 사용할 수 있다고 하면 욕구를 실현할 수 있는 선택지가 많아질 것이다.

Part 3에 소개했듯 가족의 유흥비 예산으로 돌려도 좋고, 돈을 아낄 수 있도록 애쓴 사람을 위한 포상으로 활용해도 좋다.

이렇게 되면 평소 낭비에 대한 유혹도 사라지며 **'돈을 모아서 산다'는 생활 습관이 정착해 충동구매도 줄어든다.** 지금까지는 순간적인 소비 욕구에 휩쓸렸지만, 사실 이렇게 사들인 물건이 꼭 필요한 것이 아니었다는 사실을 깨닫게 된다.

'왠지 필요할 것만 같은 생각이 드는' 정도의 물건을 더 이상 사지 않으면 정말로 자신에게 중요한 것이 무엇인지도 분명하게 보인다.

이처럼 물욕을 컨트롤할 수 있으면 낭비에 빠져 카드 빚을 돌려 막아가며 생활하는 식의 극단적인 악성 금전 문제도 사라진다.

필요한 것은 투자 감각보다
지출을 조절하는 능력

현재는 공전의 저금리가 지속되고 있어 은행에 돈을 맡겨도 거의 이자가 없다시피 한다. "금리가 낮아서 은행에 예치해도 불어나지 않으므로 운용을 해야 한다"는 말도 들리고, 막연히 재정적 불안까지 더해져서 은행이나 증권회사가 추천하는 대로 투자를 시작하는 사람도 적지 않다.

수박 겉 핥기식의 지식으로 **얼마 안 되는 퇴직금을 높은 수수료의 투자신탁에 넣어놓고는 부지런히 수수료를 지불하는 케이스도 대단히 많다.**

원금 손실의 리스크나 수수료에 대해 충분히 이해하지 못한 채 자산 운용에 손을 대는 것은 금융기관의 손쉬운 봉이 되는 것에 다름 아니다.

이런 상황에서 우선 먼저 필요한 자세는 '규모에 맞게 지출을 컨트롤하는 일'이다. 지금 보유하고 돈을 잘 불리는 것도 중요하지만, 근본적으로는 견실하게 유효 활용하는 노하우를 갖춰야 한다. 이를 무시하고 운용에만 열을 올리는 것은 허망하게 뿌리 없는 나무를 심는 것과 같다. 돈을 불리는 환상을 품고 얼마 안 되는 돈을 투자에 몰아넣는 위험한 선택이라 해도 과언이 아니다. 리먼 쇼크와 같이 급격히 주가가 하락하는 상황이 왔을 때는 귀중한 자산을 그야말로 허무하게 날릴 수 있다.

그러나 **금리가 낮아도, 월급이 오르지 않아도, 가지고 있는 한도 내에서 돈을 잘 변통하는 유연성을 익히면 얼마든지 여유를 가지고 생활할 수 있다.** 낭비를 없애고 불필요한 지출을 줄인다면 그만큼 돈이 수중에서 나가지 않는다. 결과적으로 돈이 남는 것이다. 예산 내에서 생활하는 습관을 익힐 수만 있다면 미래에 대한 극단적인 불안도 한결 덜어낼 수 있다.

클리어파일 가계부로
노후 불안을 줄인다

과거엔 정년까지 근무하면 노후엔 연금으로 유유자적 여유로운 여생을 보낼 수 있었다. 그러나 지금은 연금만으로는 부족하다는 것이 상식이 되어버렸다. 안심하고 노후를 맞기 위해 필요한 저축액이 3억이라는 등 6억이라는 등의 말이 시중에 떠도니 불안을 느끼는 분도 많을 것이다.

정년을 목전에 앞둔 분들을 대상으로 한 세미나에서 내가 항상 강조하는 내용은 '**24시간 일과를 써보시라**'는 것이다.

월요일부터 일요일까지 일주일간, 하루 24시간 무엇을 하며 지내는지 쓰는 것이다. 하루를 어떻게 보내는지 알아보면 필요한 생활비가 대략 파악된다.

예를 들면 '일주일에 한 번은 영화를 보러 가고 싶다', '평일에 스포츠 클럽에 다니고 싶다'는 경우는 그만큼의 예산이 필요하다. 어떤 날은 종일 TV를 보며 느긋하게 시간을 보내는 경우도 있을 것이고, 텃밭을 가꾼다든지 산책, 요리, 독서 등을 마음껏 즐기고 싶다는 희망도 있을 것이다.

일주일에 필요한 돈을 파악하고 이를 4배 하면 1개월분의 대략적인 생활비를 가늠할 수 있다. 이렇게 **리스트 업 한 결과 의외로 생각보다 노후 생활비가 많이 들지 않을 것 같다고 안심하는 분이 많다.** 대단히 비용이 많이 드는 취미가 아니라면 일반적으로 직장 생활을 할 때보다 생활비가 적게 들어가기 때문이다.

연금 생활 시기에는 새로운 수입원이 없는 경우가 대부분이라 자칫 지출하는 것에 대한 심리적 불안이 크다. 이로 인해 생활 패턴이 흐트러지거나 무너지기 쉽다. 그러나 클리어파일 가계부로 예산 범위 내에서 생활하는 습관이 이미 배어 있는 사람은 계획적으로 소비할 수 있으므로 상대적으로 안정적이다. 연금과 이제까지의 저축으로 두려움 없이 노후를 즐길 수 있다.

'자기 투자'로 정년 후 수입을 확보한다

일반적으로 정년을 맞는 정도의 연령이 되면 취미와 관련해서 크게 2가지 타입으로 나뉜다.

우선은 정년을 즐기기 위해 취미를 시작하는 사람. 예를 들면 나이를 먹어도 인생을 즐기기 위해 도예를 시작한다든지, 수예 교실에 다니기 시작한다.

다른 한쪽은 '가르치는 쪽'으로 전향하는 사람이다. 오랜 세월 계속해온 경험을 살려 서예 교실을 여는 식이다.

배우는 쪽과 가르치는 쪽의 차이는 무엇일까? 가장 큰 것은 배우는 쪽은 돈이 계속 나가지만 **가르치는 쪽은 수입으로 이어질 가능성이 있**다는 점이다. 또한 가르치는 쪽이 되면 주위의 존경을 받는다든지 도움을 줄 수도 있다. 활동할 공간이 있다는 점에서 정신적으로 여유가 생긴다. 지금은 전업주부이지만 언젠가 가르치는 일을 할 수 있다면 남편의 정년 후 생활비에 보탬이 될 수도 있다.

"정년 후는 아직 멀어서 전혀 감이 잡히지 않는다"는 분에게 **꼭 당부하고 싶은 바는 지금이라도 하루빨리 장래에 '가르치는 쪽'이 될 수 있는 취미를 발견하라는 것**이다.

예컨대 40세라고 하면 60세 정년을 맞기까지 20년의 시간이 있다. 주 2회씩이라도 취미를 지속한다면 60세 즈음에는 얼마간 가르칠 수 있는 수준이 될 것이다.

장래를 위해 돈을 모아두는 것도 중요하지만 자신의 능력을 키우는 것도 훌륭한 투자이다. 잘 운용하고 남은 돈을 적극적으로 자기 투자에 쓴다든지, 적금에 손을 대지 않는 범위라면 돈을 들이는 것도 바람직하다.

다만 주의해야 할 것은 '자기 투자'라는 말은 대단히 애매해서 편의적으로 해석할 수 있다는 점이다.

자기 투자라는 명목으로 '당장만 즐기는' 취미나 레저에 돈을 펑펑 써버리면 단순히 놀기만 하고 남는 것은 없는 사태가 될 수 있으므로 주의하자.

포인트는 '한 가지에 집중할 것'이다. 아이의 학습도 그러하지만 속셈 학원에 다니고, 수영 강습을 갔다가, 교과 보충 학원과 피아노 교실까지 커버하는 등 닥치는 대로 그때그때 마구잡이로 하는 학습은 전혀 자기 것이 되지 못한다.

우선은 한 가지에 집중해서 분발한다. 그리고 이것이 맞지 않다고 생각되면 중단하고 다음 것을 시작한다. 동시에 이것저것 너무 손을 대다 보면 어느 것 하나 제대로 건지지 못한다.

또한 배울 때는 자신이 가르치는 입장이 되었을 때를 항상 의식하면서 임하는 것도 중요하다. 막연히 아무 생각 없이 다니는 것과, 나라면 어떻게 가르칠까를 염두에 두면서 참여하는 것은 전혀 다르다. 물론 아무 생각 없이 노는 시간도 필요하다. 하지만 단순히 놀기만 하는 것에 지속적으로 돈과 시간을 쓰는 것은 아까운 일이다. 두 가지 모두 한정된 '자원'이기 때문이다.

이렇게 생각하면 자신만이 아니라 배우자의 취미에 대한 생각도 달라질 것이다. 예를 들어 남편이 취미에 너무 돈을 쓰는 것이 탐탁지 않은 주부가 대단히 많다. 가계 사정을 생각해서 적당히 하라고 잔소리를 하지만 이 말을 들을 정도라면 애당초 염려하지도 않을 것이다. 대개는 "쇠귀에 경 읽기" 정도로 모르는 척 여전히 씀씀이가 크다.

이럴 때 시험 삼아 "어차피 그렇게 돈을 많이 쓰는데 프로가 되겠다는 마음으로 분발해보시라"고 부추기는 것도 작전이다. "지금 당장은 힘들겠지만 60세 즈음엔 가르칠 정도가 될 수 있도록 하시라"는 말을 들으면 대개 남편도 달리 고민해보게 된다.

역으로 여성이 취미의 연장으로 오프라인 숍을 시작한다든지, 집에서 요리 교실을 여는 등의 구상을 말하면 많은 남편이 반대한다. "손해만 보면 어떻게 할 텐가!" 하고 화를 내는 경우가 다반사다. 하지만 취미로 하든 어쨌든 나가는 비용이 같다는 사실을 전제로 하고, 얼마든지 생산성이 있어서 수입으로 연결할 수 있다는 것을 어필하면 남편의 태도도 대부분 바뀐다. '그렇다면 해봐도 좋지 않을까' 하는 생각의 전환이 일어나는 것이다.

인생을 풍요롭게 만들기 위해서도 취미는 필요하다. 하지만 **모처럼 취미에 시간과 돈을 쓰는 것이라면 당장의 즐거움으로 끝낼 것이 아니라 장래 자신을 위한 투자로까지 이어가는 것이 현명하다.** 그것도 가급적 빨리 눈을 떠 의식적으로 가능성을 노리는 것이 '현명한 돈 사용법'의 하나이다.

마치며

돈을 모으려면 '수입 늘리기'나 '지출 줄이기', 둘 중의 하나밖에 방법이 없다.

수입을 늘리기 위해서는 시간이 필요하다. '연봉을 올리고 싶다', '더 좋은 대우를 해주는 회사로 이직하고 싶다', '현재 시간제 근로자인데 정직원이 되고 싶다' 등의 희망을 갖고 있지만 이것은 바로 성취할 수 있는 문제가 아니다.

그러나 '지출 줄이기'는 지금 당장 누구나 시작할 수 있다. 또한 중요한 것은 '수입 늘리기'를 실현하더라도 '지출 줄이기'에 실패하면 결국은 도로 아미타불이 된다는 점이다.

필요한 용도에 돈을 쓰고, 필요하지 않은 것에는 돈을 쓰지 않는다. 말로 하면 매우 당연하게 들리는 생활 습관을 실제 자신의 것으로 만드는 것이 돈을 모으는 최단 루트이다.

내가 처음으로 '가계'에 흥미를 가진 것은 중 3 때이다.

세무사로 일하시던 아버지는 당시 작은 회계 사무소를 경영하셨다. 나름의 영재교육이라 생각하신 것인지 어릴 적부터 숫자를 깔끔하게 쓰는 훈련을 받게 하고, 주산을 배우게 했다. 그 당시는 컴퓨터같이 편리한 기기가 없어서 손으로 장부를 쓰던 시절이었다.

"이런 것을 배우는 시간에 친구들과 놀고 싶다……"고 불만에 가득 차 있던 즈음 어머니가 유방암으로 입원을 하게 되었다. 바로 수술을 했지만 이후 몸이 좋지 않아서 거의 누워 있다시피 하셨기 때문에 당연히 가사가 불가능했다.

아버지는 옛날 분이시라 어머니를 대신해 주방 살림이나 세탁과 같은 집안일을 한다는 발상이 전혀 없었다. 따라서 내가 가계를 맡아 식사 준비를 하고 가계부도 썼다.

아직 중학생이라 용돈을 받고 싶은 시기였다. 고등학생이 되어서 아버지에게 용돈을 달라고 하니 "매월 주는 생활비 중에서 잘 변통하고 남은 만큼은 전부 용돈으로 해도 좋다"는 대답이 돌아왔다.

그러자 새삼 물건값에 예민해져서 깐깐하게 체크하기 시작했다.

아버지가 주시는 생활비를 아무 생각 없이 쓰면 1개월에 딱 떨어졌다. 하지만 전단을 비교해 싼 가게를 골라서 가면 고등학생의 용돈으로 과분할 정도의 금액이 남았다.

어머니는 결국 내가 19세 되던 해에 돌아가셨다. 어머니를 일찍 여읜 것은 대단히 아픈 경험이지만 당시 가계를 꾸린 그간의 체험이 파이낸셜 플래너가 된 지금까지 이어지고 있다고 생각한다.

이 책은 '클리어파일 가계부'라는 수단을 활용해 무의식적인 낭비를 예방하고, 정말로 원하는 것에 돈을 쓰기 위한 방법을 다양하게 제안하였다.

돈이 없는 생활과 마찬가지로 돈을 모으기만 하는 생활도 팍팍하고 힘들다. 오로지 저금을 늘리는 목표에 매몰되어 인생의 즐거움을 통째로 무시한다면 무엇을 위해 돈을 모으는지 알 수 없게 된다. '저축만 있으면 안심'이라는 것은 어리석은 환상에 지나지 않는다.

인생을 즐기기 위해 돈이 필요하지만 돈을 컨트롤하는 것은 어디까지나 자기 자신이다. 어디에 어느 만큼의 돈을 사용할지 결정하는 주체는 바로 '나'이다.

많은 분이 클리어파일 가계부를 알고 실천함으로써 실은 아무런 감흥 없이 사들이던 할인 상품 대신에 정말로 원하는 것을 당당하게 살 수 있는 생활이 실현된다면 나로서는 더할 나위 없이 기쁠 것이다.

마지막으로 이 책을 집필하는 데 수고해주시고 협력해주신 많은 분에게 감사의 마음을 전하고 싶다.

여러분 모두가 밝은 미소로 즐겁고 행복한 인생을 보낼 수 있기를 바란다.

클리어파일 가계부

초판 1쇄 발행 2018년 1월 10일

지은이 이치노세 가쓰미
옮긴이 송수영
펴낸이 명혜정
펴낸곳 도서출판 이아소
디자인 황경성

등록번호 제311-2004-00014호
등록일자 2004년 4월 22일
주소 04002 서울시 마포구 월드컵북로5나길 18 1012호
전화 (02)337-0446 **팩스** (02)337-0402

책값은 뒤표지에 있습니다.
ISBN 979-11-87113-19-5 13590

도서출판 이아소는 독자 여러분의 의견을 소중하게 생각합니다.
E-mail: iasobook@gmail.com

이 도서의 국립중앙도서관 출판예정도서목록(CIP)은 서지정보유통지원시스템 홈페이지
(seoji.nl.go.kr)와 국가자료공동목록시스템(nl.go.kr/kolisnet)에서
이용하실 수 있습니다. (CIP제어번호 : CIP2017033118)